Patrick Massin

Modélisation et simulation numérique de structures avec interfaces

Patrick Massin

Modélisation et simulation numérique de structures avec interfaces

Application à la propagation de fissures de fatigue en 3D

Presses Académiques Francophones

Mentions légales / Imprint (applicable pour l'Allemagne seulement / only for Germany)
Information bibliographique publiée par la Deutsche Nationalbibliothek: La Deutsche Nationalbibliothek inscrit cette publication à la Deutsche Nationalbibliografie; des données bibliographiques détaillées sont disponibles sur internet à l'adresse http://dnb.d-nb.de.
Toutes marques et noms de produits mentionnés dans ce livre demeurent sous la protection des marques, des marques déposées et des brevets, et sont des marques ou des marques déposées de leurs détenteurs respectifs. L'utilisation des marques, noms de produits, noms communs, noms commerciaux, descriptions de produits, etc, même sans qu'ils soient mentionnés de façon particulière dans ce livre ne signifie en aucune façon que ces noms peuvent être utilisés sans restriction à l'égard de la législation pour la protection des marques et des marques déposées et pourraient donc être utilisés par quiconque.

Photo de la couverture: www.ingimage.com

Editeur: Presses Académiques Francophones est une marque déposée de
Südwestdeutscher Verlag für Hochschulschriften GmbH & Co. KG
Heinrich-Böcking-Str. 6-8, 66121 Sarrebruck, Allemagne
Téléphone +49 681 37 20 271-1, Fax +49 681 37 20 271-0
Email: info@presses-academiques.com

Produit en Allemagne:
Schaltungsdienst Lange o.H.G., Berlin
Books on Demand GmbH, Norderstedt
Reha GmbH, Saarbrücken
Amazon Distribution GmbH, Leipzig
ISBN: 978-3-8381-8988-8

Imprint (only for USA, GB)
Bibliographic information published by the Deutsche Nationalbibliothek: The Deutsche Nationalbibliothek lists this publication in the Deutsche Nationalbibliografie; detailed bibliographic data are available in the Internet at http://dnb.d-nb.de.
Any brand names and product names mentioned in this book are subject to trademark, brand or patent protection and are trademarks or registered trademarks of their respective holders. The use of brand names, product names, common names, trade names, product descriptions etc. even without a particular marking in this works is in no way to be construed to mean that such names may be regarded as unrestricted in respect of trademark and brand protection legislation and could thus be used by anyone.

Cover image: www.ingimage.com

Publisher: Presses Académiques Francophones is an imprint of the publishing house
Südwestdeutscher Verlag für Hochschulschriften GmbH & Co. KG
Heinrich-Böcking-Str. 6-8, 66121 Saarbrücken, Germany
Phone +49 681 37 20 271-1, Fax +49 681 37 20 271-0
Email: info@presses-academiques.com

Printed in the U.S.A.
Printed in the U.K. by (see last page)
ISBN: 978-3-8381-8988-8

HABILITATION A DIRIGER DES RECHERCHES
ECOLE NORMALE SUPERIEURE DE CACHAN

Spécialité :
MECANIQUE DES SOLIDES ET DES STRUCTURES

MODELISATION ET SIMULATION NUMERIQUE DE STRUCTURES AVEC INTERFACES

Patrick MASSIN

Laboratoire de Mécanique des Structures Industrielles Durables UMR EDF-CNRS-CEA 8193 1, avenue du Général de Gaulle 92141 Clamart cedex	Electricité de France Recherches et Développement 1, avenue du Général de Gaulle 92141 Clamart cedex

Remerciements

Je tiens à remercier les deux premiers relecteurs de cet ouvrage. François Waeckel, chef du département Analyses Mécaniques et Acoustique à EDF R&D, pour ses remarques pertinentes sur l'organisation de l'activité de recherche qui y est présentée. Eric Lorentz, ingénieur senior à EDF R&D dans le domaine de la simulation numérique pour ses questions techniques et remarques critiques sur l'activité scientifique qui est exposée. Enfin l'auteur souhaiterait associer à la présentation de ces travaux les étudiants, notamment ceux qu'il a pu co-encadrer durant leurs travaux de thèse, ainsi que les ingénieurs et chercheurs avec lesquels il a pu travailler dans le cadre de quelques collaborations privilégiées, tant à EDF R&D que dans le milieu universitaire.

Stagiaires
José-Alberto Munoz-Campos
Alexis Bloch
Jihane Aarab
Pascal Schumacher
Mathieu Pallis
Philippe Pereira
Wenjie Liu
Guilhem Ferté
Tanguy Mathieu
Dibakar Datta
Christophe Mansoulié
Axelle Caron
Anh Dung Khuong
Prabu Manoharan
Maximilien Siavelis
Brice Metge
Caroline Pernet
Damien Tourret
Franck Haziza
Nagiba Belkhir
Alexandre Lachaize
Roméo Fernandes
Tristan Delaporte
Ben Hadj Yedder
Neda Haghbayan

Thésards
Malek Zarroug
Chokri Zammali
Mohamed Torkhani
Samuel Géniaut
Maximilien Siavelis
Axelle Caron
Guilhem Ferté
Jean-Baptiste Esnault

Chercheurs et ingénieurs
Hachmi Ben Dhia
Nicolas Moës
Martin Guiton
Jean-Michel Proix
Jacques Pellet
Samuel Géniaut
Mickaël Abbas
Thomas de Soza
Nicolas Tardieu
Ionel Nistor
Fabien Dumay
Daniele Colombo
Sylvain Mazet
André Jaubert
Alexandre Martin

SOMMAIRE

1. INTRODUCTION

1.1. Contexte industriel

Un des objectifs de la R&D d'EDF est de vouloir maîtriser le vieillissement de ses installations et matériels de façon à pouvoir soit en augmenter la durée de fonctionnement soit en prévoir le remplacement avec les échéanciers de substitution pertinents tant au niveau de la sûreté, de la disponibilité des installations qu'au niveau économique. Les marges de manœuvre sont inscrites dans le respect du référentiel de sûreté imposé par l'Autorité de Sûreté Nucléaire. La durée de vie s'apprécie assez souvent vis-à-vis du risque à rupture, à la fois pour les installations et pour les composants qui y sont présents. Elle n'est pas déterminée que pour des sollicitations en fonctionnement normal mais elle prend aussi en compte des chargements accidentels ou dimensionnant.

Afin de pouvoir mener à bien cette mission, plusieurs ingrédients semblent nécessaires :

- une bonne connaissance des structures et matériels et de leur mode de fonctionnement en situation normale ou accidentelle de façon à pouvoir identifier les chargements ;
- une bonne connaissance des matériaux constituant ces structures ou composants ;
- des capacités de modélisation pouvant à la fois prendre en compte la nature des matériaux et leur comportement, la diversité et la complexité des chargements, ainsi que les caractéristiques physiques et géométriques des structures ;
- le développement et l'archivage de méthodologies d'études pouvant être rapidement mobilisés en cas de demande de l'ingénierie ou d'organismes de contrôle externes à EDF.

Ceci pour l'ensemble des structures, composants et matériaux disponibles sur le parc d'exploitation d'EDF. Si les départements thématiques d'EDF R&D répondent chacun sur leur domaine de prédilection, des projets partagés permettent d'échanger les informations mettant en jeu des phénomènes complexes, souvent couplés.

En complément de ces départements thématiques, la R&D s'appuie désormais sur un ensemble d'une quinzaine de structures communes, créées avec des partenaires universitaires, industriels ou le CNRS. Ces structures communes ont pour but de partager nos problématiques avec ces partenaires en formant des masses critiques, de pouvoir les communiquer à l'extérieur et augmenter ainsi notre assise scientifique, et permettre aussi de trouver des champs d'applications à de nouvelles méthodologies.

Dans le domaine de la mécanique, ce lieu de partage avec le CNRS depuis 2004 et le CEA depuis 2010, est le Laboratoire de Mécanique des Structures Industrielles Durables (LaMSID), dont les thématiques de recherche définissent trois opérations de recherches portant sur :

- l'étude des mécanismes d'endommagement, de rupture et de fatigue,
- l'identification, l'assimilation, l'exploitation de données, la réduction de modèles et les couplages avec les structures,
- les méthodes numériques en support aux deux premiers thèmes.

Dans le cadre de cette dernière thématique de recherche, EDF R&D utilise en mécanique différents logiciels à des fins de capitalisation et de diffusion : Code_Aster en mécanique non linéaire et vibratoire, et dans une moindre mesure sur l'aspect diffusion Europlexus en dynamique rapide. Il est à noter que l'ensemble de ces logiciels est utilisé par l'ingénierie : ils ont donc la propriété d'être à la fois des outils de capitalisation et de développement de la recherche, mais aussi des outils de simulation pour les études de l'ingénierie.

1.1 Travaux de recherche

1.1.1 Cadre de travail

Les travaux de recherche présentés dans ce mémoire s'inscrivent dans le contexte précédemment décrit. Ils sont principalement motivés par la modélisation et la simulation de mécanismes de dégradation en 3D, de type analyse ou propagation de défauts, pour lesquels un certain nombre d'ingrédients doivent être pris en compte, comme la re-fermeture possible des défauts, ou l'indépendance de la propagation du défaut par rapport à son maillage. L'objectif affiché est donc la prédiction de l'évolution de défauts, préexistants ou non, à l'échelle macroscopique de la structure, sous chargements quasi-statiques non cycliques ou cycliques sous sollicitations répétées (fatigue). Les travaux afférents initialement rattachés à la première opération de recherche du LaMSID ont conduit à définir un programme de recherche alimentant désormais la troisième opération de recherche du laboratoire, opération de recherche transversale de soutien aux deux autres opérations de recherche du laboratoire.

Les travaux de recherche ayant été définis à partir des besoins identifiés pour la réalisation d'études industrielles, les développements ont été conçus et capitalisés au sein de *Code_Aster* pour une diffusion rapide vers l'ingénierie. Le choix de Code_Aster sous assurance qualité impose le respect d'un certain nombre de critères de développement et de validation, mais il permet d'assurer une certaine pérennité aux développements réalisés et de pouvoir progresser sur les bases précédemment acquises. Par ailleurs sa diffusion externe permet aussi de bénéficier d'un retour d'expérience étendu et pas forcément limité aux seuls utilisateurs internes du code. En outre, la diffusion de sa documentation permet aussi des échanges avec bon nombre de partenaires académiques, ainsi que la possibilité de nouer des partenariats valorisant pour l'ensemble des parties.

1.1.2 Articulation des axes de recherche

Nous avons choisi de commencer la présentation de nos travaux de recherche par deux problèmes industriels emblématiques [5][107] faisant partie de projets de recherche actifs durant plusieurs années et qui ont permis de définir des orientations de recherche durables et importantes pour pouvoir construire au-delà même de leur existence propre un programme de recherche impliquant plusieurs thèses et plusieurs collaborations externes.

Problématiques de propagations de fissures en fatigue
Le premier projet de recherche [5] concerne l'étude de la fissuration des rotors basse pression des tranches 900 MWe du parc des centrales d'EDF. Cette fissuration, initialement transverse à l'axe des rotors se développe ensuite en mode mixte sous les effets de flexion alternée due à la rotation des rotors, les fissures ayant une forme hélicoïdale. Le projet de recherche devait permettre de savoir quelle durée d'exploitation résiduelle pouvait raisonnablement être attribuée aux rotors affectés, quelles étaient les conditions de développement des fissures et quels moyens de contrôle pouvaient être mis en place afin de s'assurer que les rotors pouvaient continuer d'être utilisés en toute sécurité. Pour y répondre, un programme de recherche s'étalant sur la période 1999-2005, associant calculs

numériques, essais sur éprouvettes et mesures sur site a été réalisé. Le second projet de recherche [105,107] porte sur la fissuration des labyrinthes de diffuseur des pompes primaires, dans une zone de mélange thermique. La fissuration, initiée par fatigue thermique dans la zone de mélange se développe ensuite en fatigue en mode I sous l'effet de grands transitoires de chargements thermomécaniques, avec des sollicitations variant de façon importante le long du front de la fissure. De nouveau, il fallait estimer la nocivité de tels défauts, évaluer leur développement probable et pouvoir donner à l'exploitant des informations sur la poursuite ou non de l'exploitation avec des pompes affectées de tels défauts. L'enjeu était d'autant plus important que le constructeur des pompes indiquait dans une pré-analyse qu'il fallait changer les pièces en question. De nouveau un programme de recherche lancé en 2001 reposant sur des observations in-situ et des calculs numériques a été réalisé sur la période 2002-2003 de façon à pouvoir rassurer l'exploitant. Ce programme est actuellement toujours en cours car il a fallu le compléter par des essais expérimentaux spécifiques de fatigue en plasticité non confinée [146,153,95].

Représentation de la fissure

Dans les deux cas, les études nécessaires pour répondre aux questions de l'exploitant ont nécessité de mettre au point des fichiers de maillage paramétriques impliquant l'intervention d'un expert avec des délais et des coûts associés importants (plusieurs dizaines de milliers d'euros et plusieurs semaines pour mettre au point les maillages). Les études réalisées ont donc motivé le lancement d'un programme de recherche reposant sur le développement d'éléments finis étendus pour la modélisation [71] puis la propagation de fissures [36,37], en l'étendant à une gamme d'utilisation quasi-inédite jusque là, en prenant en compte de façon propre les conditions de re-fermeture pour les fissures de nos études [71]. Ce travail a été réalisé dans le cadre de la thèse de Samuel Géniaut, via un partenariat avec Nicolas Moës de l'Ecole Centrale de Nantes. L'avantage de l'approche utilisée est de pouvoir prendre en compte la présence de fissure dans une structure, sans avoir à la remailler complètement, en introduisant directement des degrés de liberté supplémentaires dans la modélisation éléments finis, pouvant représenter la discontinuité du champ de déplacement due à la présence de la fissure. Pour ce faire, des éléments finis standard sont enrichis dans un voisinage de la fissure repérée de trois manières distinctes :

- pour les plus simples, via une formulation analytique permettant de les localiser dans le maillage de la structure saine,
- par un relevé topographique issu d'une expertise,
- par un maillage de la fissure seule, indépendant du maillage de la structure initiale qui reste sain, que l'on vient positionner dans le maillage sain et qui permet ainsi de localiser la fissure.

Une fois la fissure initiale localisée il reste à la faire propager.

Paramètres physiques en pointe de fissure

Une fois ces ingrédients réunis, il est possible de modéliser un trajet de fissuration pourvu que l'on se dote d'un critère d'amorçage par rapport à une valeur seuil de contrainte ou de facteur d'intensité des contraintes, d'un critère de direction de propagation tel que celui de la contrainte principale maximale [54], par exemple et d'une vitesse de propagation donnée par une loi de type Paris en fatigue. Cela implique de pouvoir calculer correctement un certain nombre de paramètres en pointe de fissure (contraintes locales, facteurs d'intensité des contraintes, taux de restitution d'énergie), ce qui n'est pas toujours évident, notamment pour les fissures débouchantes. Une comparaison entre ces différents critères sera ainsi proposée dans le cadre de la thèse de Jean-Baptiste Esnault, débutée en septembre 2010 en collaboration avec Véronique Doquet du LMS, de façon à prendre en compte la propagation en déversement d'une fissure en mode mixte, avec introduction de plasticité notamment. On note aussi la difficulté de recalage entre des valeurs obtenues expérimentalement sur éprouvettes dans des conditions de contrôle optimal et les valeurs issues du retour d'expérience sur les installations du parc d'EDF pour lesquelles les conditions aux limites et les chargements sont plus ou moins bien identifiés. Cela peut nous conduire in fine à adopter des valeurs issues de notre retour d'expérience sur installations [5], afin de pouvoir en déduire des durées de vie réalistes.

Détermination et modélisation du trajet de fissuration

Les deux ingrédients de la méthode X-FEM [74,117,118] reposent sur la localisation de la fissure via des fonctions de niveau appelées level-sets et sur un enrichissement approprié pour représenter la discontinuité due à la présence de la fissure :

- les fonctions de niveaux permettent de localiser une surface dans l'espace : leur iso zéro correspond à la surface en question et leurs iso-valeurs correspondent à une distance donnée par rapport à l'iso zéro. Pour définir une fissure, l'utilisation de deux familles de level sets orthogonales entre elles est nécessaire afin de pouvoir aussi localiser le front de la fissure. Une première famille est liée à une iso-zéro localisée sur la surface de fissuration. La seconde famille est liée à une iso-zéro, orthogonale à la précédente au niveau du front de la fissure. Le front de la fissure est donc défini comme intersection des deux iso zéro des deux familles de level sets précédemment définies ;

- une fois les level set définies, il est possible d'identifier les éléments traversés par la fissure, ou les éléments sur le front de fissure de façon à procéder à des enrichissements locaux pouvant prendre en compte la discontinuité ou la singularité de certains champs cinématiques.

Une fois connues la direction de propagation ainsi que la distance de propagation en utilisant les paramètres physiques en pointe de fissure, la propagation implique de modifier les fonctions de niveaux caractérisant la nouvelle surface de fissuration ainsi que les enrichissements autour de la pointe de la fissure de façon à prendre en compte l'extension de la surface fissurée. Les premiers développements restitués dans Code_Aster sur cette thématique ont été réalisés dans le cadre du stage de DEA de Damien Tourret en 2006 qui a introduit notamment une technique de propagation des level sets sur la base d'une méthode de simplexe [11]. Récemment, sur la base des travaux de Prabel et al. au LaMCOS en 2009 [127], une extension 3D est proposée [36,37], ainsi que des améliorations permettant d'éviter des réflexions d'ondes parasites lors des phases de propagation des level sets. Ces travaux ont été réalisés par Daniele Colombo, chercheur invité au LaMSID puis Research Fellow à Manchester d'avril 2010 à septembre 2011. Ils semblent être désormais arrivés à maturité avec la proposition dans [37] d'une méthode alliant robustesse et performance numériques. Une validation supplémentaire aura lieu dans le cadre de la thèse de Jean-Baptiste Esnault, mentionnée précédemment, afin de pouvoir valider la méthodologie en présence de plasticité.

Prise en compte de lois d'interfaces

La plupart de nos études industrielles faisant intervenir des chargements cycliques la prise en compte de la fermeture au niveau des surfaces de discontinuité est indispensable. Depuis la fin des années 90 deux méthodes de contact-frottement ont été introduites dans Code_Aster, l'une basée sur une approche discrète déplacements-forces des équations de contact [109][110], l'autre sur une approche continue déplacements-pressions [108]. Les deux sont actuellement disponibles dans l'environnement Code_Aster même si les approches discrètes développées en interne ont un cadre d'utilisation plus réduit. L'approche continue mixte en déplacements et pressions développée en partenariat avec Hachmi Ben Dhia de l'ECP [22] permet d'obtenir un formalisme unifié permettant de passer de la pénalisation, au lagrangien et au lagrangien augmenté, de pouvoir introduire l'usure [19] et d'être aussi utilisable en dynamique [21]. Trois thèses successives ont donc été lancées : celle de Malek Zarroug sur le développement de la méthode en statique non linéaire, celle de Chokri Zammali sur son extension en dynamique et celle de Mohamed Torkhani pour prendre en compte l'usure et assurer la compatibilité entre les conditions de contact et l'imposition de conditions aux limites. Le cadre de la méthode continue s'adaptait parfaitement à la modélisation des fissures par les éléments étendus, la loi de contact pouvant être ramenée à une loi locale de comportement d'interface, même si des adaptations ont été nécessaires de façon à satisfaire des conditions de stabilité sur les espaces d'approximation en déplacements et pression, résultat de la thèse de Samuel Géniaut [71] en collaboration avec Nicolas Moës de l'ECN. Des travaux en collaboration avec l'ECN sont encore en cours sur ces conditions de stabilité, dans le cadre des travaux de thèse d'Axelle Caron et repris par Guilhem Ferté suite à son abandon, avec l'utilisation d'éléments quadratiques afin de gagner en précision sur l'estimation des facteurs d'intensité de contrainte en pointe de fissure. Ces éléments quadratiques nous permettront aussi de pouvoir prendre en compte des effets cohésifs au niveau des interfaces pour des études de propagation en dynamique, avec des lois cohésives non régularisées en charge et en décharge. Enfin d'autres travaux récents ont aussi porté sur la généralisation de l'utilisation des méthodes de contact-frottement avec X-FEM au cadre des grands glissements, cadre qui s'avère nécessaire dans la plupart des cas où du glissement apparaît sur les interfaces, et ce même si les déplacements restent faibles [120][139]. Ces travaux ont été réalisés dans le cadre de la collaboration postdoctorale de Ionel Nistor avec l'IFPen et l'ECN. Elle s'est poursuivie jusqu'à récemment de façon à traiter des réseaux de fissures dans le cadre de la thèse de Maximilien Siavelis, soutenue décembre 2011, en toujours avec IFPen et ECN.

1.2   Contenu du document

Nous avons choisi dans le document de mettre en valeur certains aspects plutôt que d'autres, et donc de passer sous silence un certain nombre d'activités de recherche passées sur lesquelles l'activité de développement est moindre actuellement : c'est le cas notamment pour tout ce qui touche aux éléments de structures (tuyaux, plaques, coques) [102,103]. Le document se présente donc plutôt comme un guide de nos activités de recherche des dix dernières années, afin d'en expliquer le cheminement ainsi que la logique de leurs articulations. Il ne cherche pas à se substituer aux différentes publications de l'auteur et de la communauté, de manière plus large, auxquelles il est fait référence dans le texte.

Le document adresse principalement la thématique « méthodes numériques » au service de la modélisation mécanique, même si on identifie clairement le besoin de validations expérimentales, par rapport aux choix numériques qui sont faits. Ces activités de développement s'inscrivent au sein de la troisième opération de recherche « Méthodes Numériques » du Laboratoire de Mécanique des Structures Industrielles Durables, au service de la première opération de recherche du laboratoire « Endommagement et Rupture des Structures ». On précise dans le document le cadre théorique des développements réalisés, en tentant d'éclairer les choix qui ont été faits et en essayant de se positionner par rapport à la communauté. Les détails théoriques ou ceux relatifs à l'implantation numérique ne seront cependant pas développés en général, sauf quand cela présente un intérêt de positionnement par rapport à d'autres travaux. Des références bibliographiques qui nous semblent pertinentes, mais non exhaustives, sont données au cours du texte et le lecteur intéressé pourra s'y référer en fin de document.

Après cette brève introduction, les deux études détaillées dans le second chapitre sont le fil conducteur des recherches qui ont été engagées à leur suite, et ce, depuis une dizaine d'années maintenant. Il nous a semblé intéressant de les analyser du fait qu'elles étaient initiatrices de l'activité de recherche décrite dans le document. Les chapitres suivants traitent des 4 grands thèmes qui font la cohérence de la démarche poursuivie dans ce travail:

- chapitre 3 : représentation de la fissure,
- chapitre 4 : calcul des grandeurs de mécanique de la rupture ou de la fatigue,
- chapitre 5 : propagation géométrique des fissures,
- chapitre 6 : prise en compte des conditions d'interfaces sur les lèvres de la fissure

Dans le troisième chapitre, la présentation de la méthode X-FEM dans sa généralité, pour la représentation de fissures, répond aux études du second chapitre comme un écho, dans la mesure où la mise à disposition de cet outil nous apparaît comme un véritable progrès par rapport aux pratiques d'il y a de cela quelques années, pour ceux qui ne disposaient pas d'outils de remaillage adaptatifs évolués.

Le quatrième chapitre décrit la manière d'obtenir les informations en pointe de fissure afin de pouvoir déterminer la nocivité de cette dernière. Les paramètres obtenus permettront de savoir si la fissure se propage, et si oui, dans quelle direction.

Le cinquième chapitre traite de la propagation de fissure, avec les informations issues du chapitre précédent, et des différentes façons de la prendre en compte, alors que les chapitres précédents s'attachent plutôt à la description de la fissure dans le cadre X-FEM. La présentation y allie des aspects mathématiques et numériques, ainsi que des validations expérimentales reprises de la littérature.

Dans le sixième chapitre, on décrit plus particulièrement la modélisation des interfaces, de nouveau en écho aux deux études détaillées dans le deuxième chapitre. Y sont détaillées des modélisations du contact, de l'usure, de la cohésion, dans un cadre unifié, utilisable à la fois en statique, en dynamique et aussi pour les éléments finis de type X-FEM.

Enfin, même si des difficultés et axes de progrès sont indiqués à la fin de chaque chapitre, un dernier chapitre permet de les retrouver regroupés en regard des résultats essentiels obtenus. Un programme de recherche y est aussi proposé pour les années à venir, qui montre que le mémoire n'est pas un aboutissement mais une étape d'avancement d'un projet mené par l'auteur dans le cadre de ses activités de recherche à EDF R&D au sein du Laboratoire de Mécanique des Structures Industrielles Durables. Pour finir cette introduction l'auteur souhaiterait associer à la présentation de ces travaux les étudiants, notamment ceux qu'il a pu co-encadrer durant leurs travaux de thèse, ainsi que les ingénieurs et chercheurs avec lesquels il a pu travailler dans le cadre de quelques collaborations privilégiées, tant à EDF R&D que dans le milieu universitaire.

2 PROBLEMATIQUES DE PROPAGATION DE DEFAUTS EN FATIGUE

L'idée essentielle de ce chapitre est de repartir du besoin industriel qui sous-tend la logique du projet de recherche présenté dans le document. On décrira donc dans les deux premiers paragraphes deux problématiques industrielles touchant à la modélisation de la fissuration par fatigue et on montrera de quelle manière elles ont conduit à engager des programmes de recherche et d'études dont certains se poursuivent encore. On s'intéressera plus aux manques qu'elles ont pu mettre en évidence en terme de modélisation et de modèles, qu'à leur description détaillée que l'on peut trouver dans [5,104,105,106,107].

2.1 Fissuration quasi-transverse de rotors fissurés

Cette problématique est décrite en détails dans [5,104,106]. En octobre 1998, une inspection par ultra-sons d'un rotor basse pression CP0-CP1 sur la tranche Bugey 2 a révélé la présence de fissures, confirmée par l'expertise destructive sur le rotor de Dampierre 2 en 2001. Cette fissuration se localise dans l'arbre des rotors à technologie frettée, sous l'entretoise centrale. Les fissures sont positionnées de part et d'autre de l'entretoise centrale, dans les gorges situées entre l'entretoise et le disque 1/2 ou l'entretoise et le disque 8/9. L'initiation des fissures par fretting se fait au niveau des trois logements de clavettes anti-rotation. Celles-ci doivent assurer l'absence de rotation relative entre l'arbre et les disques en cas de dé-frettage complet de ces derniers (pour une survitesse à 120% de la vitesse nominale).

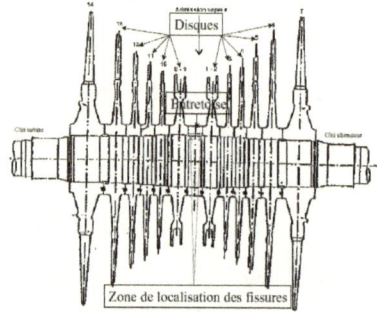

Figure 2.1-1 : schéma d'un corps basse pression avec entretoise et disques.

Les fissures se propagent par un phénomène de fatigue alternée dû à l'effet du poids propre de la ligne d'arbres lorsque celle-ci est en rotation. Deux régimes de rotation prépondérants permettent de déterminer les chargements applicables sur les rotors : le virage à 20°C pour lequel la vitesse de rotation vaut 75 tr/mn et les effets d'inertie sont négligeables ; le nominal à 250°C pour lequel la vitesse de rotation vaut 1500 tr/mn et les effets d'inertie de rotation sont importants.

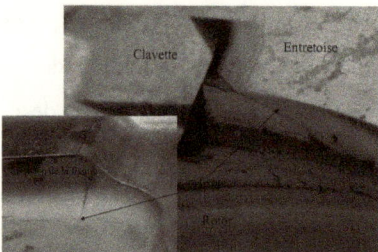

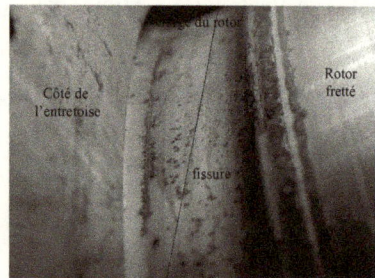

Figure 2.1-2 : fissuration quasi-transverse à l'axe du rotor.

Par l'exploitation du retour d'expérience, l'utilisation de calculs éléments finis en mécanique de la rupture en relation avec des données expérimentales de cinétique et de seuils de non propagation, un critère de fin de vie de ces rotors a pu être déterminé. Ce critère d'arrêt en exploitation, fondé principalement sur le retour d'expérience du rotor BP1 de Dampierre, positionne à 100 mm de profondeur, par rapport au diamètre entretoise de 960 mm, la profondeur maximale de fissuration pour les rotors du parc en exploitation.

Les calculs effectués décrits dans [5] ont consisté à évaluer, pour les différentes conditions de service du rotor et les différentes formes de fissures possibles, les facteurs d'intensité des contraintes le long du front de fissure. Des cinétiques de propagation ont été déduites à partir de l'exploitation de ces facteurs, principalement celui relatif au mode 1 d'ouverture suivant la normale au plan de la fissure, K1. La variation $\Delta K1$ de ce facteur au cours de la flexion rotative permet d'estimer une cinétique d'avancée du front de fissure en utilisant une loi de Paris ou des abaques, du type [82] en mode I+III dans la zone centrale du fond de fissure, quand plusieurs modes de propagation interviennent.

Deux difficultés essentielles pour la résolution de ce type de problématique sont apparues très rapidement :

- le fait de pouvoir disposer de la souplesse de maillage nécessaire (voir Figure 2.1-3) pour pouvoir faire des études paramétriques (extension circonférentielle, profondeur) sur la forme (semi ellipse ou hélice), de la fissure et son évolution, ce qui rendait les études numériques très pénibles. Outre les coûts associés, les délais associés aux procédures de maillages étaient souvent de plusieurs semaines pour trouver des procédures automatiques d'insertion de fissures de formes semi-elliptiques planes ou en hélice. La présence d'éléments singuliers, très aplatis dans le cas des fissures en hélice (clairement visibles sur la partie droite de la Figure 2.1-3) rendait les calculs numériquement singuliers avec l'apparition de pivots nuls. L'absence de souplesse pour traiter la propagation de la fissure en l'absence d'un outil de remaillage automatique conduisait à proposer une large couverture de situations probables entre lesquelles les valeurs d'intérêt (formes de la fissure, facteurs d'intensité des contraintes) étaient interpolées ;

- la difficulté de corréler les résultats numériques obtenus associés à des données de cinétiques issues d'essais expérimentaux sur éprouvettes de 20 et 40 mm de diamètre avec la cinétique observée sur le parc français, les calculs associés aux données cinétiques sur éprouvettes donnant des durées de vie pour les rotors irréalistes et beaucoup trop faibles [104]. Cette difficulté est principalement liée à la complexité des phénomènes mis en jeu, à l'alternance des modes de propagation en fonction de la conduite des tranches (cycles entre I et I+III, cycles entre I et I+II) et à leur diversité (I+III au centre du rotor, I+II en surface). Ceci nous a conduit à faire un recalage par rapport aux cinétiques observées sur le parc, tout en conservant les évolutions de fissure proposées par la modélisation numérique, afin d'en déduire la durée de vie résiduelle des rotors. Cette méthodologie décrite dans [5] est toujours celle qui est utilisée actuellement.

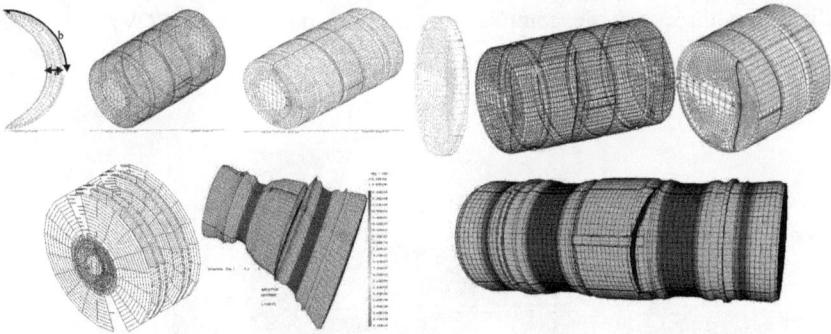

Figure 2.1-3 : les différentes étapes de l'insertion d'une fissure semi-elliptique (à gauche) et en hélice (à droite).

2.2 Fissuration des diffuseurs de pompes primaires

Les labyrinthes des diffuseurs des pompes primaires 1300 MW sont affectés par un phénomène générique de fissuration par fatigue thermique. Les fissures de faïençage se localisent dans les dentures des labyrinthes, dans la zone de transition entre l'eau chaude de la boucle primaire et l'eau froide injectée dans la barrière thermique. Une illustration de ces diffuseurs est donnée en Figure 2.2-1. La fissuration des labyrinthes est quant à elle illustrée par la Figure 2.2-2. Le phénomène de fatigue thermique est lié à des oscillations de la position relative des deux fronts ; oscillations qui découlent d'instabilités thermo-hydrauliques locales dans l'espace annulaire compris entre l'arbre et les dentures du diffuseur.

Un scénario de propagation des fissures par fatigue oligocyclique est avancé, gouverné par les grands transitoires thermiques de la pompe primaire: transitoire de chauffage, transitoire d'arrêt/démarrage et transitoire de perte/rétablissement d'injection du circuit de contrôle volumétrique du réacteur (RCV) permettant d'ajuster la quantité d'eau dans le circuit primaire.

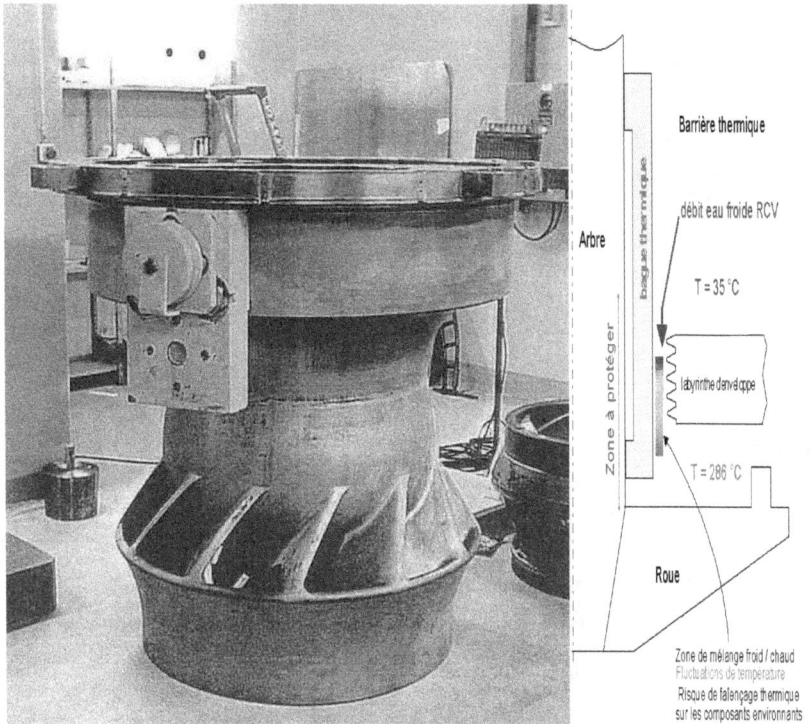

Figure 2.2-1 : vue globale du diffuseur d'une pompe primaire 1300 MW (expertise de l'hydraulique de Belleville 2) et localisation sur une coupe verticale d'une maquette du diffuseur de la zone de transition entre l'eau chaude et l'eau froide.

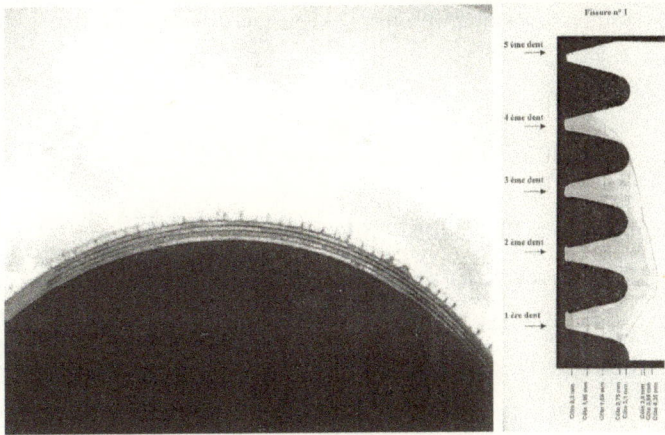

Figure 2.2-2 : faïençage thermique dans les dentures du labyrinthe d'un diffuseur de GMPP 1300 (vue de dessous) et profil de fissuration dans les dentures sur l'hydraulique 4 de Paluel 3, obtenu par fractographie. Expertise réalisée par le Groupe Des Laboratoires des centres de production (4 dentures affectées).

Après démontage des hydrauliques en atelier chaud par le Groupement Des Laboratoires des centres de production d'EDF, les contrôles par ressuage ont mis en évidence un réseau de faïençage thermique couvrant toute la circonférence du joint labyrinthe. Les fissures se localisent sur les dentures inférieures des labyrinthes et n'affectent quasiment pas la dent supérieure. Elles ont un profil sensiblement semi-elliptique. Aucune fissure observée à ce jour ne traverse complètement l'épaisseur du diffuseur en affectant toutes les dents. La profondeur maximale de fissuration relevée lors des expertises est de 5 mm à partir du sommet des dentures (cf. Figure 2.2-2) : elle est généralement atteinte en vis à vis de la deuxième denture. Compte tenu de la forme elliptique du profil, la profondeur de fissure apparente en vis à vis de la denture supérieure (là où le défaut émerge sur le

23/197

rebord supérieur) est notablement inférieure à la profondeur maximale atteinte en partie basse du défaut.

2.2.1 Description de la modélisation

Un modèle numérique 3D du diffuseur [105,107], illustré Figure 2.2-3, prenant en compte la possibilité de re-fermeture des fissures, avec une géométrie de fissure initiale proche de celle des défauts observés in situ, et permettant de réactualiser cette géométrie à partir des cinétiques calculées, est utilisé pour en déduire un pronostic de durée de vie résiduelle. Un secteur angulaire suffisamment grand est choisi pour ne pas influer sur l'analyse de nocivité du fait de décharges dans la zone d'influence des fissures. Pour les études non linéaires élasto-plastiques, on substitue à la fissure une entaille régulière en enlevant du maillage tous les éléments qui débouchent en fond de fissure. Cette approche permet de rendre valide la formulation du taux de restitution d'énergie thermo-élasto-plastique [39,99,157,158].

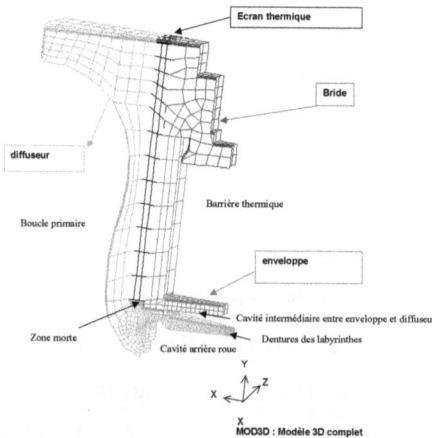

Figure 2.2-3 : modèle 3D complet du diffuseur.

Une procédure automatique de maillage 3D quadratique développée en plusieurs semaines avec le logiciel GIBI version 98, préprocesseur du code de calculs du CEA CAST3M, est utilisée. La procédure permet de faire varier la géométrie et les dimensions du défaut à analyser (Figure 2.2-5) principalement caractérisé par :

- a_0 sa profondeur maximale,
- a'_0 sa profondeur en face supérieure,

en agissant notamment sur un certain nombre de paramètres géométriques illustrés (Figure 2.2-4), les fissures étant représentées par des morceaux d'ellipses.

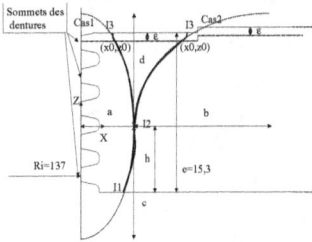

Figure 2.2-4 : représentation des fissures dans les dentures. Cas de figures possibles avec un maillage paramétrable.

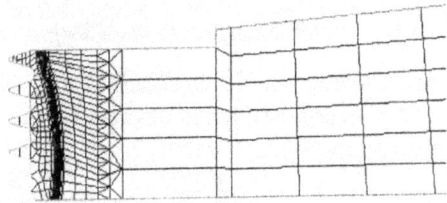

Figure 2.2-5 : exemple de génération de maillage. Zoom sur la zone des dentures.

La chaîne de calculs se compose d'un premier calcul thermique non linéaire suivi d'un calcul mécanique élastique ou élastique non linéaire ou élasto-plastique, puis d'un calcul de rupture énergétique réalisé en post-traitement. Pour chaque géométrie de fissure réactualisée, on a entrepris de simuler les trois transitoires thermiques. Seul le mode 1 d'ouverture de la fissure est sollicité : il correspond à une ouverture circonférentielle des fissures accompagnée d'une propagation radiale illustrée Figure 2.2-6. Quatre méthodes à notre disposition permettent d'estimer les facteurs d'intensité de contrainte pour chaque transitoire : Ke en élasticité et KJ en élasticité non linéaire pour une fissure, KGTP [39,40] et KGP [99,157,158] en élasto-plasticité pour une entaille. Les facteurs d'intensité des contraintes Ke, KJ (exemple donné Figure 2.2-7) le long du fond de fissure et KGTP en fond d'entaille sont estimés à partir des taux de restitution d'énergie G, J et GTP obtenus par une méthode Gθ [42,9] en élasticité, en élasticité non linéaire et en élasto-plasticité, respectivement. Le facteur d'intensité des contraintes KGP est quant à lui obtenu à partir du taux de restitution d'énergie élastique GP pour un calcul élasto-plastique sur entaille [99,157,158]. On l'estime à partir de l'énergie élastique contenue dans l'élément de volume en fond d'entaille que l'on divise par la hauteur et l'extension radiale de l'élément de volume. En élasticité linéaire, ces différents taux de restitution d'énergie et les facteurs d'intensité des contraintes associés sont identiques.

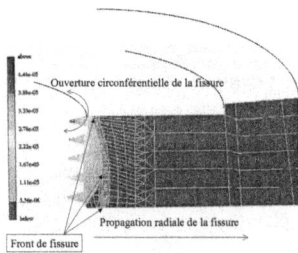

Figure 2.2-6 : ouverture circonférentielle de la fissure au régime nominal indiquée en gris clair.

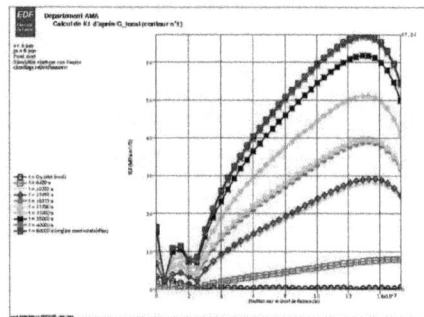

Figure 2.2-7 : variations du paramètre K$_J$ lors du transitoire de chauffage (calcul élastique non linéaire) pour une fissure droite où a0 = a'0 =6 mm.

2.2.2 Analyse des méthodes de détermination de la taille critique du défaut

Le but est ici de passer en revue les différentes méthodes à la disposition de l'ingénieur et d'en faire une analyse critique afin d'en proposer des évolutions. A partir des valeurs des facteurs d'intensité des contraintes des estimations de durées d'exploitation sont établies. Elles correspondent au moment où la profondeur critique est atteinte, profondeur pour laquelle la valeur du facteur d'intensité des contraintes vaut le seuil de déchirure ductile KJc.

Les calculs 3D élastiques nous permettent de déterminer une profondeur maximale de fissuration sur profils droits de 12 mm. Toutes les configurations étudiées avec des valeurs de a_0 plus petites et avec des a'_0 allant jusqu'à 20 mm de profondeur, pour des profils de fissuration non droits, sont moins nocives en sollicitations de contraintes en fond de fissure [107]. L'utilisation de l'approche élastique peut cependant être remise en question du fait d'un écrouissage important dû aux transitoires thermiques.

Les calculs 3D élastiques non linéaires [107] permettent de repousser la profondeur maximale de fissuration sur profils à fonds droits de 12 mm à au moins 40 mm, profondeur à partir de laquelle la valeur K1Jc d'amorçage de 132 MPa.√m est atteinte pour un arrêt-démarrage en élasticité non linéaire (courbe jaune de la Figure 2.2-10, correspondant au chargement le plus pénalisant). Mais, dans le domaine non linéaire, l'utilisation de KJ n'est licite que si le chargement reste radial et sans décharge, ce qui n'est malheureusement pas le cas avec nos transitoires thermiques.

En élasto-plasticité le paramètre GTP taux de restitution de l'énergie totale en fond d'entaille et le paramètre GP taux de restitution d'énergie élastique d'un copeau en fond d'entaille, peuvent aussi être utilisés. Ces paramètres étendent l'utilisation de J en élasticité non linéaire lorsque le chargement n'est plus radial et en présence de décharges, lors des transitions entre transitoires thermiques, notamment.

- Le taux de restitution d'énergie GTP et le facteur d'intensité des contraintes KGTP [39,40] sont des approches pénalisantes dans la mesure où l'on considère que toute l'énergie plastique en fond de fissure sert à la propagation de cette dernière. Mais étant donné que même avec un critère d'écrouissage borné en contrainte par les valeurs de résistance à la traction, les effets de charge-décharge successives contribuent à l'augmentation de la valeur de KGTP, comme illustré sur la figure ci-dessous, l'exploitation de ce paramètre ne peut être retenue, car trop rapidement pénalisante et physiquement non réaliste. Un comportement équivalent à la charge-décharge est relevé dans [41] car ce paramètre ne distingue pas les sollicitations d'ouverture et de fermeture des défauts et cumule l'énergie apportée au matériau (y compris la partie dissipée) même si les défauts ne s'ouvrent pas.

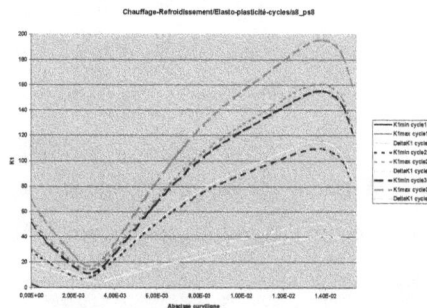

Figure 2.2-8 : effets des charges décharges successives sur le paramètre KGTP.

- Le taux de restitution d'énergie GP et le facteur d'intensité des contraintes KGP [99,157,158], plutôt adaptés au cadre de la rupture fragile, et dissociant fracturation et plasticité, présentent de bonnes propriétés en cas de chargements thermomécaniques cyclés avec charge/décharge : en effet le taux de restitution KGP se stabilise rapidement. En outre la valeur maximale de KGP le long du front de fissure, représentée par une entaille, est très peu sensible dans notre cas au nombre de cycles de chargement. Il est donc désormais tout à fait possible de mener l'analyse de stabilité de la propagation ductile de ce matériau à partir du paramètre Gp stabilisé, en utilisant un équivalent expérimental à la courbe J(Δa) du type Gp(Δa) qu'il faut déterminer par recalage (sur éprouvette par exemple [107]). Pour autant, l'analyse en fatigue ne peut pour le moment être menée sur la base de ce paramètre du fait de l'absence de loi liant l'avancée de la fissure en fatigue au paramètre Gp.

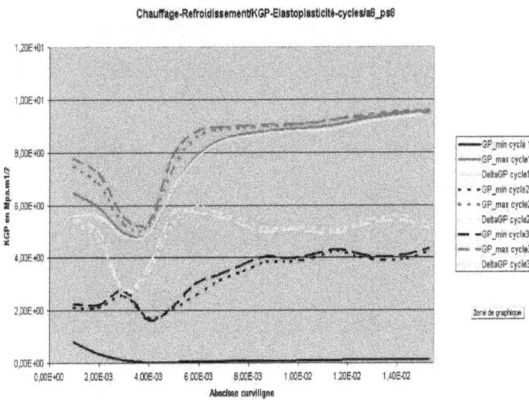

Chauffage-Refroidissement/KGP-Elastoplasticité-cycles/a6_ps6

Figure 2.2-9 : effet des charges décharges successives sur le paramètre KGP pour un écrouissage borné.

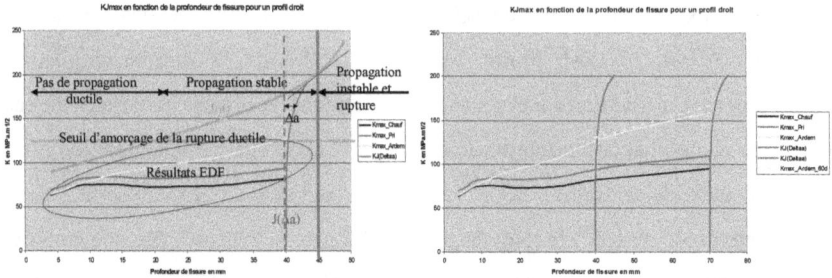

Figure 2.2-10 : analyse de stabilité de la propagation ductile au delà du seuil d'amorçage avec absence de propagation ductile quand J(a)<KJc et propagation stable quand J(a) coupe J(Δa). La limite entre la zone de propagation stable et instable est caractérisée par J(a) tangente à J(Δa). A partir de 40 mm de profondeur la propagation ductile devient possible, de l'ordre de 0,7 mm pour le transitoire thermique le plus pénalisant. Des calculs jusqu'à 70 mm de profondeur montrent qu'elle reste stable de l'ordre de 3 mm pour le transitoire thermique le plus pénalisant (épaisseur de la pièce : 161 mm).

2.2.3 Analyse des méthodes de détermination de la cinétique du défaut

On passe de nouveau en revue les différentes méthodes à disposition de l'ingénieur pour calculer les cinétiques de défaut et on en propose une analyse critique afin d'en montrer les lacunes et de proposer quelques pistes d'évolution.

Une première approche en élasticité linéaire repose sur l'utilisation d'une loi de propagation en fatigue de Paris du type $\frac{da}{dN}=C.\left(\frac{\Delta K}{(1-\frac{R}{2})}\right)^n$ qui lie la profondeur de la fissure a au nombre N de cycles de chargements avec R=Kmin/Kmax. Dans notre cas, comme la fissure se referme nous ne pouvons plus avoir accès aisément à la valeur Kmin : nous posons alors Kmin=0 et la valeur de da/dN ainsi calculée est plus élevée que la valeur expérimentale. Notons que cette loi n'est normalement valide que dans le cadre de l'élasticité linéaire et pour des valeurs de Kmax inférieures au seuil de déchirure ductile.

La méthode du RSEM Annexe 5.3.II.2.2.1 permet un calcul combinatoire de $\Delta K1$ correspondant à une combinaison des sollicitations extrémales K1max et K1min correspondant aux divers transitoires subis par le diffuseur. Ainsi, si dans notre cas, le transitoire d'arrêt démarrage donne les plus grandes valeurs de K1max, celles-ci seront combinées aux plus petites valeurs K1min des autres transitoires, de façon à avoir une situation enveloppe en terme de $\Delta K1$. La procédure est détaillée dans [105].

Pour un certain nombre de configurations géométriques données (a_0,a'_0), nous calculons alors $\dfrac{da_0}{dN}$ et $\dfrac{da'_0}{dN}$ à partir des valeurs de $\Delta K1$ obtenues aux points I2 et I3 de la Figure 2.2-11 et nous extrapolons sur les configurations intermédiaires avec des interpolations polynomiales entre les profondeurs de fissures.

La tendance d'évolution du profil de fissuration, issue de [105] est donnée ci-dessous, corroborée par les résultats illustrés de la Figure 2.2-12.

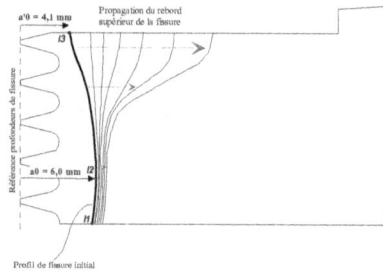

Figure 2.2-11 : évolution du profil d'une fissure au fur et à mesure de la propagation en fatigue. Schéma de principe - Progression maximale près de l'extrémité supérieure.

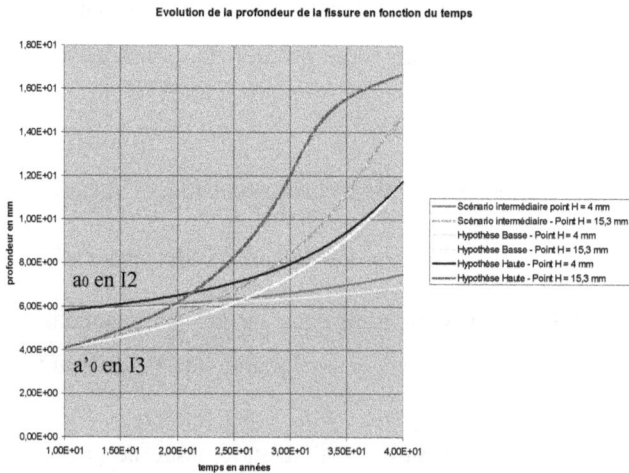

Figure 2.2-12 : évolution de la profondeur de la fissure en I2 (H= 4 mm) et I3 (H = 15,3 mm) en fonction du temps. Configuration initiale de fissure : a0 = 5,8 mm et a'0 = 4 mm.

L'analyse en fatigue avec utilisation de la loi de Paris présentée ci-dessus, n'est valable en toute rigueur, que s'il n'existe pas de déformation plastique en tête de fissure, c'est-à-dire pour un matériau fragile pour lequel la fissure se propage en dessous du seuil de rupture [12]. Un certain nombre de corrections peuvent cependant être envisagées afin de prendre en compte des corrections plastiques plus ou moins importantes en fond de fissure.

- La correction plastique localisée en pointe de fissure du type de celle proposée par Irwin [84,85] aboutit à un facteur d'intensité des contraintes :

$K_{cp} = \alpha K_e \sqrt{\dfrac{a+r}{a}}$ où a est la profondeur du défaut et r le rayon de la zone

plastique donné par $r = \dfrac{1}{6\pi}\left(\dfrac{K_e}{\sigma_y}\right)$ en déformation plane [84,151] avec σy

limite d'élasticité du matériau. Le paramètre α dont on trouve l'expression dans le RSE-M au paragraphe II.2.4.1.3 est fonction de la profondeur du défaut, de la zone sur laquelle celui-ci peut se développer et de la taille de la zone plastique. Si l'on prend une valeur moyenne de σy valant 166 MPa pour la zone de température considérée, la taille de la zone plastique est évaluée à 20 mm pour les profils droits et elliptiques à a0 = 6 mm [105]. La valeur de Kcp ainsi estimée est supérieure à 200 MPa√m, déjà supérieure à la limite Kjc, rendant toute exploitation de ce paramètre impossible pour notre analyse de nocivité. En outre, la taille de la zone plastique ainsi déterminée montre que l'on est au-delà d'une plasticité confinée en fond de fissure et que seule une approche plastique, généralisée à l'ensemble du diffuseur, serait légitime dans ce cas-là. La méthode de la correction plastique localisée en pointe de fissure est utilisable en fatigue mais ne donne pas de résultat satisfaisant pour les transitoires thermiques. Des fiches de modification du RSE-M existent actuellement concernant cette approche : la modification consiste à préconiser de prendre pour ce type d'analyse les facteurs d'intensité des contraintes élastiques tout simplement afin d'être conservatif dans toutes les situations, notamment en cas de charges-décharges des structures. Cela demande cependant à être étayé par un programme de validations expérimentales [95].

- Une méthode de correction élasto-plastique pour les transitoires thermiques seuls peut être adoptée. On en trouve une illustration dans le RSE-M, annexe 5.4, §5. Les facteurs d'intensité de contraintes obtenus sont donc plus faibles que dans le cas élastique car le chargement équivalent en contraintes, loin de la zone fissurée, est plus faible. Cette méthode est adaptée au cadre de notre étude à déformations imposées par la dilatation thermique car la prise en compte de l'écrouissage du matériau conduit à une réduction des contraintes en fond de fissure. Les valeurs de Kj obtenues sont ainsi inférieures aux valeurs de Ke. Le coefficient de correction élasto-plastique s'obtient alors comme le rapport de J sur G. Cette méthode revient donc à substituer la valeur de G en élasticité linéaire par celle de J en élasticité non linéaire du fait de l'écrouissage. Comme l'on doute déjà de la validité des valeurs de Kj obtenues pour nos transitoires thermiques complexes, cette méthode semble à écarter.

- Une approche plus rigoureuse développée par Skelton [79,142] peut être utilisée en plasticité généralisée, mais elle dépend malheureusement de la géométrie de la pièce. L'amplitude du facteur d'intensité des contraintes qui pilote la propagation est alors donnée par :

$$\Delta K_{eff} = \Delta \sigma_{eff}.Y.\sqrt{\pi a}$$
$$\Delta \sigma_{eff} = q\Delta\sigma + E\Delta\varepsilon_p$$

où Y est une fonction dépendant de la profondeur de la fissure et de la géométrie de la pièce et où $_{q\Delta\sigma}$ représente la partie de l'amplitude pour laquelle la fissure est ouverte. Le second terme correspond au fait que la plasticité, bien qu'elle écrête la contrainte, contribue quand même à la fissuration, ce qui est négligé dans l'approche précédente. Ce type d'approche avec chocs thermiques répétés a été utilisé avec succès au CEA par Fissolo [57] pour l'étude de la propagation d'une fissure annulaire dans un acier inox 316, par Burlet et al. [30] pour la propagation de fissures axisymétriques dans des tubes d'acier et par Alexandre Kane [86] lors de sa thèse en collaboration avec EDF R&D pour la propagation de fissures semi-elliptiques au centre de disques pré-fissurés

Jusqu'à présent la loi de Paris n'était que relativement peu modifiée par la prise en compte de la plasticité. D'autres approches existent, tout aussi contraignantes au niveau du transfert entre validations expérimentales simplifiées et passage au calcul industriel complexe. Elles reposent sur un programme d'essais de fatigue en plasticité non confinée dont on attend les prochains résultats [146,153,95].

- Marsh [101] a ainsi étudié la fissuration traversante sur des fronts droits pour des chocs thermiques répétés sur des aciers inoxydables 304 et 316. Dans la zone plastifiée où la mécanique linéaire de la rupture n'est pas justifiée, la cinétique de propagation est décrite par la relation :

$$\frac{da}{dN} = Ba$$

$$B = \frac{\pi^2}{8}\left(\frac{\sigma}{2\sigma_y}\right)^2 \frac{\Delta\varepsilon_p}{1+2\beta}$$

où σ est la contrainte d'ouverture maximale au cours du cycle, σy la limite d'élasticité et β un coefficient d'écrouissage. Cependant la relation étant écrite pour une fissure à fond droit, son application à un gradient thermique semble difficile.

- Des méthodes de corrections locales peuvent aussi être utilisées, mais elles nécessitent des essais particuliers. On en trouve des illustrations dans [46,47,48]. La loi de propagation devient $\frac{da}{dN} = \frac{l}{N_f(l)}$ où $N_f(l)$ est le nombre de cycles conduisant à la propagation d'un défaut de longueur l obtenu à partir de relations analytiques entre endommagement local et durée de vie déterminées à partir de résultats expérimentaux. L'approche est généralisable à des propagations en mode mixte et la direction de propagation est celle dont le mécanisme conduit à la vitesse de propagation la plus rapide. En mode I+II, deux mécanismes entrent en compétition : 1) un mécanisme de rupture en traction [143] permettant d'identifier une fonction de dommage local de la forme $\beta_{SWT} = \Delta\varepsilon_n \sigma_{n\max}$ où σ_n est la contrainte normale au plan de propagation choisi et $\Delta\varepsilon_n$ l'amplitude de déformation normale associée. Le plan de propagation est choisi de telle sorte à maximiser σ_n ce qui permet d'obtenir $\sigma_{n\max}$; 2) un mécanisme de rupture en cisaillement [56] par décohésion le long d'une bande de glissement conduisant à une fonction de dommage identifiée par Findley de la forme $\beta_{Find} = \Delta\tau + k\sigma_{n\max}$ où $\sigma_{n\max}$ est la contrainte normale sur la facette ayant l'amplitude de cisaillement $\Delta\tau$ la plus importante. Une forme proche de ce critère proposée par Fatémi et Socie [55] est aussi utilisée dans [48].

2.2.4 Discussion

Nous disposons ainsi de plusieurs approches suivant la taille du défaut :
- si l'on suppose qu'une approche élastique est pénalisante par rapport à une approche en plasticité étendue, alors, pour les fissures dont la profondeur est

inférieure à 12 mm, on peut choisir un mécanisme de propagation par fatigue avec une estimation des facteurs d'intensité des contraintes en élasticité. Le fait de rester en élasticité est par ailleurs conforme au fait d'utiliser une loi de propagation de type Paris pour la fatigue, dont il faudrait sans doute revoir la formulation en plasticité généralisée, soit en exploitant les valeurs de KGP, soit encore en utilisant des approches plus locales ;

- si l'on suppose qu'une approche élastique non linéaire peut être utilisée par rapport à une approche en plasticité étendue, le défaut ne s'amorce pas au sens de la propagation ductile (absence de propagation par déchirure ductile donc) avant une profondeur de 40 mm. Pour les fissures dont la profondeur est comprise entre 12 et 40 mm, rien ne peut être dit actuellement sur la cinétique de propagation, étant donné qu'il faudrait pouvoir disposer de résultats d'essais en plasticité non confinée ;

- pour les fissures dont la profondeur excède 40 mm le mécanisme de propagation est celui de la propagation ductile avec instabilité ou non de la propagation en fonction de la profondeur de la fissure et du transitoire thermique subi par la structure. Jusqu'à une profondeur d'au moins 70 mm, pour une épaisseur de pièce de 161 mm, la propagation en rupture ductile reste stable, si l'on admet toujours la validité de calculs élastiques non linéaires.

Les principales difficultés rencontrées par l'ingénieur dans le cadre de cette analyse auront ainsi été:

- le temps de mise en œuvre, à la fois en termes de maillages et de configurations à gérer,
- l'absence d'un outil de remaillage automatique, associé à la propagation du front de fissure. Il aurait permis de déterminer directement l'évolution

du front de fissure, sans passer par la cartographie mise en place, visant à recouvrir l'espace des évolutions possibles de la fissure ;

- l'existence, de manière générale, d'un paramètre de type GP, dissociant fracturation et plasticité [158], sans contraintes sur la nature du chargement (radialité, absences de décharges), et d'une loi de comportement non linéaire associée (remplacement de l'écrouissage isotrope par de l'écrouissage cinématique, seuillage de l'écrouissage) adaptés à des transitoires thermiques cycliques de façon à éviter la dérive de ces descripteurs au cours des cycles et pouvoir déterminer le caractère stable ou instable de la propagation ductile. Dans notre cas, un écrouissage isotrope avec seuil associé au paramètre Gp semble répondre à nos attentes. Il faudrait cependant vérifier que l'approche est suffisamment conservative ;

- la difficulté de transposition de lois de propagation en fatigue dans une situation de plasticité généralisée, avant l'atteinte du domaine de déchirure ductile. En effet la validité des lois de propagation de fissure en fatigue de type Paris est exclusivement réservée au cadre de l'élasticité linéaire relativement loin du seuil de rupture ductile. Des méthodes correctives existent pour de la plasticité localisée mais leur application sur une structure industrielle avec un chargement complexe reste délicate, d'autant plus que ces chargements sont combinés entre eux et donnent lieu à une plasticité étendue. En dessous du seuil ductile et dans le domaine élastoplastique non linéaire, des approches locales pourraient être utilisées avec les essais expérimentaux associés. Une approche globale du type [158] déjà évoquée précédemment pourrait aussi être utilisée. Là encore des essais expérimentaux seront nécessaires pour valider l'approche. A défaut, l'approche élastique reste valide et est supposée assurée le conservatisme nécessaire, ce qu'il faudrait prouver en plasticité généralisée, mais c'est aussi la plus pénalisante.

De manière générale, les études de fatigue en milieu industriel pour des chargements complexes nous semblent encore peu maîtrisées tant du point de vue numérique que du point de vue phénoménologique. Notre mémoire cible plutôt le premier point. Sur le second point, les axes de progression reposent sur une compréhension accrue de la physique en pointe de fissure, une meilleure connaissance des chargements subis par nos structures industrielles et une validation des cinétiques par retour d'expérience sur nos installations (quitte à n'utiliser que ces dernières). Le caractère prédictif en termes de cinétiques à partir d'essais sur éprouvettes représentatives ne nous semble pas acquis actuellement.

3 REPRESENTATION DE LA FISSURE DANS LE CADRE X-FEM

Dans la dernière décennie, la méthode des éléments finis étendus (X-FEM) [17][117] couplée avec une représentation de la fissure par des courbes de niveaux [118][74], s'est révélée être un outil intéressant pour la simulation de propagations de fissure, même si des outils optimisés de remaillage font encore la course en tête au niveau performance tels que ZENCRACK développé par Zentech ou Z-crack module dédié de Z-set développé par l'Ecole des Mines de Paris, MW Numerics et l'Onera par exemple. L'aspect le plus intéressant de la méthode X-FEM est la possibilité d'introduire la fissure indépendamment du maillage initial de la structure dans laquelle elle se développe et de retrouver un ordre de convergence optimal non dégradé par la présence de la fissure, contrairement aux techniques de remaillage. La fissure n'a donc a priori pas besoin d'être maillée, ou du moins pas en lien avec le maillage de la structure. La discontinuité au niveau du champ de déplacement due à la présence de la fissure et la singularité des champs de contrainte en pointe de fissure sont pris en compte par l'enrichissement du modèle élément fini dans le voisinage de la fissure. La fissure et le front de fissure sont repérés via l'utilisation de deux familles de courbes de niveaux, orthogonales entre elles. La propagation de fissure peut être prise en compte par la modification de ces courbes de niveaux, sans avoir à modifier le maillage de la structure. Plusieurs techniques ont été proposées pour prendre en compte cette évolution qui seront discutées dans le prochain chapitre. Les résultats qui sont présentés ci-dessous proviennent essentiellement du travail de thèse de S. Géniaut [63,67,71] en collaboration avec Nicolas Moës de l'Ecole Centrale de Nantes, puis ensuite du travail réalisé par S. Géniaut [64,65,66] et E. Galenne [60,61] au sein du groupe

Mécanique Théorique et Applications du département Analyses Mécaniques et Acoustique d'EDF R&D.

3.1 Notations générales pour un problème de structure fissurée

On considère une fissure Γ_0 dans un domaine $V \in R^3$ délimité par S_e de normale extérieure $\mathbf{n}_{ext}$. Les lèvres de la fissure sont notées Γ^1 et Γ^2 de normales extérieures $\mathbf{n}^1$ et $\mathbf{n}^2$. Les champs de contraintes et de déplacements sont respectivement notés $\mathbf{\sigma}$ et $\mathbf{u}$.

Un chargement quasi-statique est imposé sur la structure par l'intermédiaire d'une densité de forces volumiques $\mathbf{f}$ et d'une densité de forces surfaciques $\mathbf{t}$ sur S_t. Le solide est encastré sur S_d.

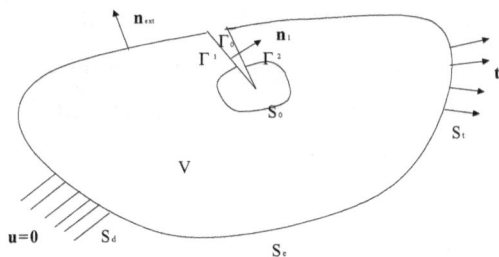

Figure 3.1-1 : notations du problème général.

3.1.1 Représentation d'une fissure par des courbes de niveau

La méthode des « Level sets » a été introduite initialement dans le cadre de la mécanique des fluides pour représenter l'évolution d'interfaces. L'idée principale est de considérer l'interface comme l'iso zéro d'une fonction distance. Pour le moment, le choix de la fonction distance importe peu, car seule la connaissance de l'iso zéro est utile.

Soit une interface Γ délimitant un ouvert Ω de $\mathfrak{R}^n$. L'idée est de définir une fonction $\varphi(x,t)$ régulière (au moins Lipchitzienne) telle que le sous-espace $\varphi(x,t) = 0$ représente l'interface.

La level set a les propriétés suivantes :

$$\varphi(x,t) > 0 \quad \text{pour } x \in \Omega$$
$$\varphi(x,t) < 0 \quad \text{pour } x \notin \overline{\Omega}$$
$$\varphi(x,t) = 0 \quad \text{pour } x \in \partial\Omega = \Gamma(t).$$

Cette méthode s'applique aisément aux problèmes de fissuration 2D, notamment dans le cadre des approches où la fissure n'est pas maillée (cf. [18,149] en 2D). L'extension est possible pour le traitement des fissures en 3D.

Ainsi, dans le cas de la fissuration, il est nécessaire d'introduire deux level sets ([147] en 2D et [118] en 3D) :

- une level set normale (lsn) qui représente la distance à la surface de la fissure (surface étendue par prolongement à tout le domaine),

- une level set tangente (lst) qui représente la distance au fond de fissure.

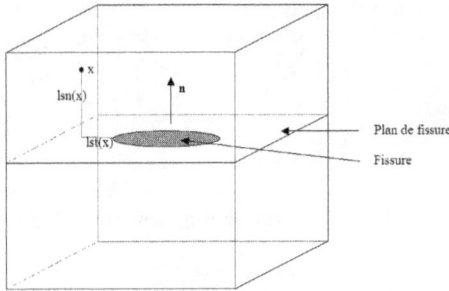

Figure 3.1-2 : level sets et distance à la fissure.

L'iso zéro de la level set normale définit la surface de la fissure, étendue par continuité à tout le domaine. L'intersection des iso-zéros des deux level sets définit le fond de fissure. De plus, le signe de la level set tangente est choisi de telle sorte que la surface de la fissure Γ corresponde à l'espace engendré par $(lsn = 0) \cap (lst < 0)$. Le signe de la level set normale est choisi arbitrairement grâce une convention d'orientation de la normale au plan de fissure, détaillée dans [67]. Les points $\mathbf{x}$ pour lesquels $lsn(\mathbf{x})$ est négatif sont dits « au-dessous » de la fissure, et ceux pour lesquels $lsn(\mathbf{x})$ est positif sont dits « au-dessus » de la fissure (voir Figure 3.1-3 et Figure 3.1-4).

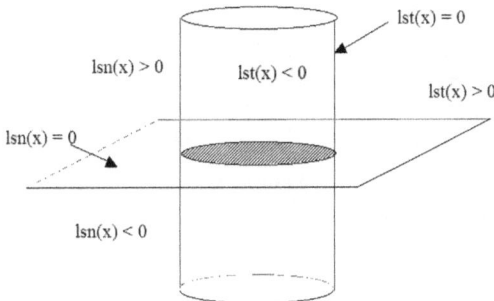

Figure 3.1-3 : level sets pour la représentation d'une fissure 3D.

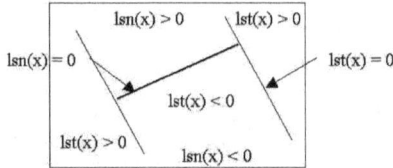

Figure 3.1-4 : level sets pour la représentation d'une fissure 2D.

3.1.2 L'enrichissement X-FEM

L'idée principale est d'enrichir la base des fonctions d'interpolation grâce à la partition de l'unité [114]. On rappelle l'approximation éléments finis classique :

$$\mathbf{u}^h(\mathbf{x}) = \sum_{i \in N_n(\mathbf{x})} \mathbf{a}_i \phi_i(\mathbf{x})$$

où les $\mathbf{a}_i$ sont les degrés de liberté de déplacement au nœud i et ϕ_i les fonctions de forme associées au nœud i. $N_n(\mathbf{x})$ est l'ensemble des nœuds dont le support contient le point $\mathbf{x}$. On assimile le support d'un nœud i au support des fonctions de forme associées à ce nœud, c'est-à-dire à l'ensemble des points $\mathbf{x}$ tels que $\phi_i(\mathbf{x}) \neq 0$.

L'approximation enrichie s'écrit :

$$\mathbf{u}^h(\mathbf{x}) = \sum_{i \in N_n(\mathbf{x})} \mathbf{a}_i \phi_i(\mathbf{x}) + \sum_{j \in N_n(\mathbf{x}) \cap K} \mathbf{b}_j \phi_j(\mathbf{x}) H(lsn(\mathbf{x})) + \sum_{k \in N_n(\mathbf{x}) \cap L} \sum_{\alpha=1}^{4} \mathbf{c}_k^\alpha \phi_k(\mathbf{x}) F^\alpha(lsn(\mathbf{x}), lst(\mathbf{x}))$$

Cette expression est composée de 3 termes. Le 1er terme est le terme classique continu. Les 2ème et 3ème termes sont des termes enrichis. Étant au cœur de la méthode X-FEM, ces termes sont explicités ci-dessous.

Afin de représenter le saut de déplacement à travers une surface de discontinuité Γ on introduit la fonction Heaviside généralisée $H(x)$ [117] définie par :

$$H(x) = \begin{cases} -1 & \text{si } x < 0 \\ +1 & \text{si } x \geq 0 \end{cases}$$

En se servant de la level set normale, la quantité $H\big(lsn(\mathbf{x})\big)$ vaut -1 si le point $\mathbf{X}$ se trouve « au-dessous » de la fissure et vaut $+1$ si le point $\mathbf{X}$ se trouve « au-dessus » de la fissure.

Les $\mathbf{b}_j$ sont les degrés de liberté enrichis. K est l'ensemble des nœuds dont le support est entièrement coupé par la fissure (nœuds représentés par un rond sur la Figure 3.1-5).

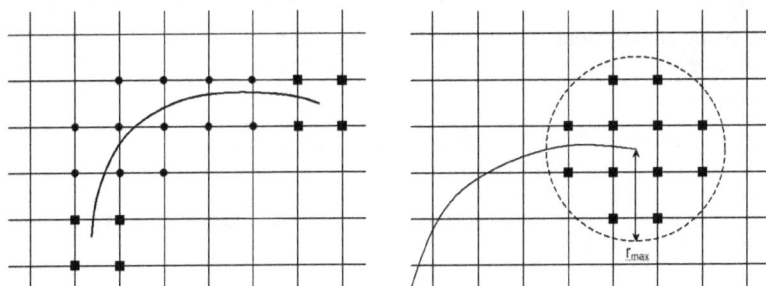

Figure 3.1-5 : à gauche, les nœuds « ronds » sont enrichis par la fonction Heaviside et les nœuds « carrés » par les fonctions singulières (enrichissement topologique). À droite, les nœuds « carrés » sont enrichis par les fonctions singulières (enrichissement géométrique).

Les $\mathbf{c}_k^a$ sont les degrés de liberté enrichis pour représenter la singularité en fond de fissure. Si L est l'ensemble des nœuds dont le support est partiellement coupé par le fond de fissure (nœuds représentés par un carré sur la partie gauche de la Figure 3.1-2), cela signifie qu'une seule couche d'éléments est enrichie autour du fond de fissure. Cet enrichissement est appelé « topologique ». Dans le cas où $L = \{$noeuds tels que $r < r_{max}\}$ l'enrichissement est dit géométrique [15]. Laborde et al. [93] montrent qu'un taux de convergence optimal est obtenu avec un enrichissement géométrique à condition que les déplacements des nœuds sur la frontière entre la zone enrichie et la zone non-enrichie soient imposés égaux.

Afin de représenter la singularité en fond de fissure, on enrichit l'approximation avec des fonctions basées sur les développements asymptotiques du champ de déplacement en mécanique de la rupture élastique linéaire [159] (avec une extension possible en élasto-plasticité proposée par [53] pour traiter des problèmes de fatigue en plasticité confinée). Ces expressions ont été déterminées pour une fissure plane en déformations planes en milieu infini.

$$u_1^a = \frac{1}{2\mu}\sqrt{\frac{r}{2\pi}}\left(K_1\cos\frac{\theta}{2}(\kappa - \cos\theta) + K_2\sin\frac{\theta}{2}(\kappa + 2 + \cos\theta)\right)$$

$$u_2^a = \frac{1}{2\mu}\sqrt{\frac{r}{2\pi}}\left(K_1\sin\frac{\theta}{2}(\kappa - \cos\theta) + K_2\cos\frac{\theta}{2}(\kappa - 2 + \cos\theta)\right)$$

$$u_3^a = \frac{1}{2\mu}\sqrt{\frac{r}{2\pi}}K_3\sin\frac{\theta}{2}$$

éq 3.1-1

$$\mu = \frac{E}{2(1+\nu)} \quad \text{et} \quad \kappa = 3 - 4\nu \quad \text{en déformations planes.}$$

L'hypothèse de déformations planes dans le voisinage immédiat de la fissure est adoptée car même dans le cadre de plaques fissurées où le champ lointain est de type contrainte plane le comportement immédiat en pointe de fissure reste celui des déformations planes [8] sauf près des surfaces débouchantes.

La base permettant de décrire ces champs comporte 4 fonctions :

$$\left\{ \sqrt{r}\cos\frac{\theta}{2}, \sqrt{r}\cos\frac{\theta}{2}\cos\theta, \sqrt{r}\sin\frac{\theta}{2}, \sqrt{r}\sin\frac{\theta}{2}\cos\theta \right\}.$$

Comme :

$$\begin{cases} \cos\dfrac{\theta}{2}\cos\theta = -\sin\theta\sin\dfrac{\theta}{2} + \cos\dfrac{\theta}{2} \\ \sin\dfrac{\theta}{2}\cos\theta = \sin\theta\cos\dfrac{\theta}{2} - \sin\dfrac{\theta}{2} \end{cases}$$

on choisit alors la base suivante :

$$F = \left\{ \sqrt{r}\sin\frac{\theta}{2}, \sqrt{r}\cos\frac{\theta}{2}, \sqrt{r}\sin\frac{\theta}{2}\sin\theta, \sqrt{r}\cos\frac{\theta}{2}\sin\theta \right\}.$$

où (r,θ) sont les coordonnées polaires dans la base locale au fond de fissure (voir Figure 3.1-6 et Figure 3.1-7). A noter que d'autres auteurs utilisent les facteurs d'intensité des contraintes comme inconnues du problème [98], en s'appuyant sur une base réduite vectorielle [32] faisant intervenir la base locale en fond de fissure définie au paragraphe suivant, ce qui permet de réduire la taille globale du système à résoudre.

Les gradients des level sets peuvent être utilisés pour définir la base locale au fond de fissure [147,150]. Les gradients sont déterminés grâce aux dérivées des fonctions de formes et aux valeurs nodales des level sets.

$$\begin{cases} \nabla lsn_j^{elt} = \sum_i \phi_{i,j} lsn_i \\ \nabla lst_j^{elt} = \sum_i \phi_{i,j} lst_i \end{cases} \quad j = 1,3$$

où les $\phi_{i,j}$ sont les dérivées des fonctions de forme par rapport à la direction j.

On détermine ainsi un champ de gradients par élément. Les valeurs sont calculées aux nœuds des éléments pour chacun des éléments indépendamment des autres; puis pour calculer la valeur nodale on moyenne sur les valeurs obtenues par éléments aux nœuds.

La base locale au fond de fissure $\{e_1, e_2, e_3\}$ se calcule alors en tout point grâce aux champs de gradients nodaux :

$$e_1 = \frac{\sum_i \phi_i \nabla \mathbf{lsn_i}}{\left\| \sum_i \phi_i \nabla \mathbf{lsn_i} \right\|}, \quad e_2 = \frac{\sum_i \phi_i \nabla \mathbf{lst_i}}{\left\| \sum_i \phi_i \nabla \mathbf{lst_i} \right\|}, \quad e_3 = e_1 \times e_2$$

où $\nabla \mathbf{lsn_i}$ et $\nabla \mathbf{lst_i}$ sont les valeurs nodales des gradients.

On verra en fin de paragraphe 5.2.1 que cette construction de base n'est pas in fine celle qui est retenue car elle n'est valide qu'en 2D, et en 3D pour une fissure plane ou une fissure obtenue par extrusion d'une fissure 2D. La raison en est que les interpolations ne conservent pas l'orthogonalité des gradients des courbes de niveau partout. On privilégiera donc la construction d'une base orthogonale à partir du vecteur **e1** pour les raisons détaillées en 5.2.1.

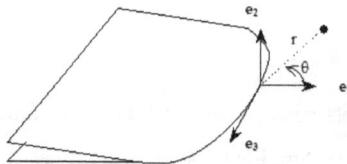

Figure 3.1-6 : base locale au fond de fissure.

Les coordonnées polaires peuvent être exprimées aisément grâce aux level sets, puisque :

$$r = \sqrt{lsn^2 + lst^2}, \ \theta = \arctan\left(\frac{lsn}{lst}\right), \ \theta \in \left[-\frac{\pi}{2}, \frac{\pi}{2}\right]$$

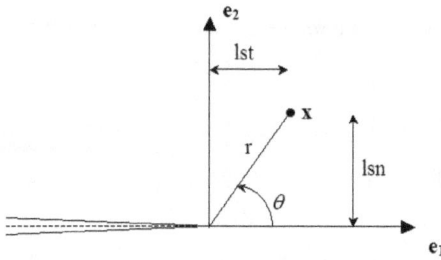

Figure 3.1-7 : coordonnées polaires dans la base locale au fond de fissure.

Les éléments finis X-FEM enrichis par les fonctions asymptotiques possèdent des fonctions de forme non polynomiales. L'intégration numérique des termes de rigidité associés n'est pas aisée. En effet, la méthode de Gauss ne permet d'intégrer exactement que des polynômes. L'intégration exacte (ou numériquement exacte) de fonction non polynomiales et singulières nécessite des techniques numériques [15,154] qui ne sont pas disponibles dans *Code_Aster* et qui sont assez difficiles à utiliser (voir le [§3.4.4.2] de [67]). Nous nous contenterons donc d'une intégration approchée par la méthode de Gauss classique. Notons que dans le cadre de la méthode X-FEM, les éléments sont sous-découpés pour l'intégration (sous-triangles en 2d et sous-tétraèdres en 3d).

En 3d, le schéma retenu est un schéma à 15 points de Gauss par sous-tétraèdres. Ce schéma paraît suffisant au vu des résultats de convergence obtenus (voir Figure 21f de l'annexe 5.6 de [66] dont le comportement en termes de résultats est identique à celui de la Figure 3.1-11). En 2d, le schéma retenu est un schéma à 12 points de Gauss par sous-triangles qui permet de retrouver le taux de convergence théorique [66].

L'influence du schéma n'est pas significative pour l'enrichissement topologique car un seul élément est enrichi par les fonctions asymptotiques. Avec l'enrichissement géométrique, le nombre des éléments de ce type augmente avec le raffinement du maillage, et une intégration imprécise sur une zone étendue a une influence directe sur l'erreur commise.

3.1.3 Le conditionnement en présence d'éléments X-FEM

Le conditionnement, noté 10^{δ} (avec δ le nombre de conditionnement) correspond au rapport entre la plus grande et la plus petite valeur propre d'un système à inverser. Pour un calcul en double précision avec une erreur numérique en 10^{-15}, l'erreur relative obtenue sur le calcul est de l'ordre de $10^{-15+\delta}$. Le nombre de conditionnement ne devrait donc jamais dépasser 9 pour une précision numérique de l'ordre de 10^{-6}.

L'enrichissement géométrique dégrade fortement le conditionnement de la matrice de rigidité [15,93]. Béchet et al. [15] proposent une technique d'orthogonalisation des degrés de liberté lors du calcul des matrices de rigidité élémentaires afin d'améliorer le conditionnement de la matrice assemblée. Laborde et al. [93] expliquent que le mauvais conditionnement est dû au fait que la base d'enrichissement choisie ne forme pas une famille libre localement. Ils proposent donc de mettre un seul degré de liberté pour ces fonctions sur toute la zone d'enrichissement et de raccorder les déplacements à la limite entre zones enrichies et non enrichies afin de retrouver des taux de convergence optimaux. Le problème de conditionnement est d'ailleurs tel qu'avec des éléments quadratiques il devient impossible d'obtenir des résultats, sans mettre en place une des techniques [15,93]. En effet, pour ces éléments, le mauvais conditionnement est dû non seulement à la partie singulière de l'enrichissement, mais aussi à l'enrichissement Heaviside. Géniaut [63] et Siavelis [138] présentent l'évolution du nombre de conditionnement à mesure que l'interface se rapproche des nœuds du maillage, pour des éléments linéaires et quadratiques respectivement, sans prendre en compte les éléments du voisinage. Les résultats sont donnés Figure 3.1-8, mais dans la pratique les nombres de conditionnement obtenus doivent être augmentés de 2 de façon à prendre en compte les éléments du voisinage [138].

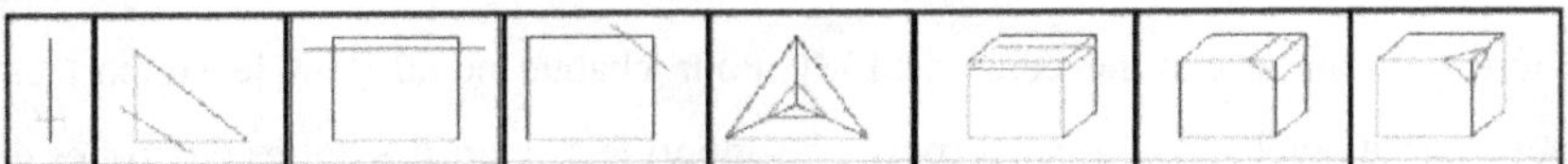

γ	2γ	γ	4γ	3γ	γ	4γ	7γ
3γ	4γ	3γ	6γ	5γ	3γ	6γ	9γ

Figure 3.1-8 : la distance au nœud sommet le plus proche normalisée par la longueur du côté valant $10^{-\gamma}$ on montre la dépendance de δ, nombre de conditionnement, par rapport au paramètre γ pour les éléments linéaires en partie supérieure et quadratiques en partie inférieure.

Afin de se prémunir de ce mauvais conditionnement, on met en place une technique de réajustement au sommet qui consiste à déplacer la level aux nœuds du maillage lorsque celle-ci passe trop près de ces derniers. Si l'on note $10^{-\gamma}$ la distance du point d'intersection de la level set avec un côté au nœud sommet le plus proche normalisée par la longueur du côté, le réajustement au sommet est mis en place pour une valeur de γ=2. Le réajustement au sommet doit agir suffisamment vite pour que le conditionnement ne soit pas trop détérioré, mais pas pour des valeurs de γ trop faibles de façon à ne pas perturber le système en déplaçant de façon non réaliste la surface de fissuration. Pour des éléments hexaèdres quadratiques, s'il faut que $10^{-15+9\gamma+2}$ soit de l'ordre de 10^{-5}, on obtient 9γ+2=10 soit un réajustement à 13% de la longueur d'arête. Il n'est donc pas possible dans ce cas là d'activer raisonnablement le réajustement des level set au sommet, afin que le conditionnement ne soit pas détérioré.

Dans ces conditions, une méthode complémentaire assurant l'élimination des degrés de liberté Heaviside, par mise à zéro, est mise en place. Deux critères d'élimination ont été étudiés. Le premier critère développé par Géniaut [63] est un critère volumique comme celui de [38]. Pour chaque nœud dont le support est coupé par la level set, on regarde pour ce support le rapport des tailles des zones de part et d'autres de la level set (zones affectées d'une valeur de Heaviside valant ±1). Si :

$$\frac{\min(V_{-1}, V_{+1})}{V_{-1} + V_{+1}} \leq 10^{-\alpha} \qquad \text{éq 3.1-2}$$

tous les degrés de liberté Heaviside de la zone concernée sont mis à zéro.

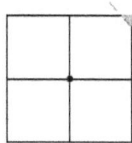

Figure 3.1-9 : illustration de la mise en place du critère volumique. Le support du nœud coupé par la level set est illustré. On compare les volumes gris et blanc au volume total du support du nœud (réunion des volumes gris et blanc).

Si ce critère est pertinent pour les éléments linéaires (triangles, tétraèdres) avec une valeur de α de 4, il n'est pas satisfaisant pour les éléments multilinéaires (quadrangles, pyramides, pentaèdres, hexaèdres) et quadratiques. En effet la valeur de α de 4 conduit à éliminer des degrés de liberté qui ne devraient pas l'être, ce qui perturbe la solution, alors que des valeurs plus élevées de α dégradent le conditionnement. Pour ces éléments, Siavelis propose donc dans [138] un critère de rigidité. Pour chaque nœud dont le support est coupé par la level set, on regarde pour ce support le rapport des rigidités des zones de part et d'autres de la level set (zones affectées d'une valeur de Heaviside valant ±1). Si en un nœud n où se sont les sous-éléments de son support, on a :

$$\frac{\min\left(\sum_{se_{-1}} \phi_{n,X}^2 d\Omega_{se}, \sum_{se_{+1}} \phi_{n,X}^2 d\Omega_{se}\right)}{\sum_{se} \phi_{n,X}^2 d\Omega_{se}} \leq 10^{-\delta} \qquad \text{éq 3.1-3}$$

où $\phi_{n,X}$ est la dérivée de la fonction de forme au nœud n dans la direction globale X, alors tous les degrés de liberté Heaviside de la zone concernée sont mis à zéro pour la direction X. On remarquera que le comportement n'est pas présent dans le critère de rigidité éq 3.1-3, le critère ayant été normalisé. Ce critère, très proche d'un critère de conditionnement, nous amène à choisir des valeurs de δ comprises entre 8 et 10. Dans la pratique, nous prenons une valeur de δ de 9.

Une analyse de ces différents critères est faite dans [138]. Elle montre une absence de convergence de l'erreur en énergie sur un exemple simple de compression homogène d'un cube traversé par une interface inclinée.

Pour résoudre ce problème Siavelis propose de remplacer l'élimination des degrés de liberté Heaviside par une orthogonalisation des matrices de rigidité locales, idée qui vient du pré-conditionneur X-FEM de [15]. L'orthogonalisation n'aura lieu que si l'un des critères éq 3.1-2 ou éq 3.1-3 est satisfait. On propose ainsi avec le critère éq 3.1-3 de procéder de la manière suivante :

$$\begin{cases} \delta < 5 & \text{on ne fait rien} \\ 5 < \delta < 14 & \text{on applique l'orthogonalisation} \\ \delta > 14 & \text{le degré de liberté est éliminé} \end{cases} \qquad \text{éq 3.1-4}$$

En faisant de la sorte, le conditionnement est ramené à 10^6, ce qui permet d'utiliser un solveur direct sans pré-conditionneur global. Cependant, si le bon conditionnement du système est assuré, les erreurs en énergie ou en déplacement augmentent lorsque δ est proche de 14. En effet, on est alors obligé de réactiver l'élimination pour $\delta > 14$ car l'orthogonalisation ne permet pas d'obtenir de résultats corrects si $10^{-15+\delta} \ll 1$ où 10^{-15} est l'erreur numérique en double précision. Afin de lever cette dernière difficulté on propose une estimation des matrices de rigidité locales en triple précision.

3.1.4 Quelques résultats

La méthode des éléments finis étendus dans sa formulation originale [17] avec enrichissement asymptotique topologique en pointe de fissure ne permet pas de trouver une convergence en erreur sur l'énergie en h^k où k l'ordre du degré d'interpolation des éléments X-FEM choisis [145]. Le taux de convergence reste en h½, où h représente la taille caractéristique des éléments. Il est identique à celui d'éléments FEM classiques, même dans le cas où des éléments de Barsoum [10] avec singularité en racine de r sont utilisés en pointe de fissure (cf. la pente de –1/2 obtenue Figure 3.1-10). Une illustration simple tirée de [66] portant sur une plaque unitaire 2D comportant une fissure débouchante droite de longueur 0,5 située à mi-hauteur de la plaque permet de s'en rendre compte, avec des résultats similaires pour une modélisation 2D ou 3D.

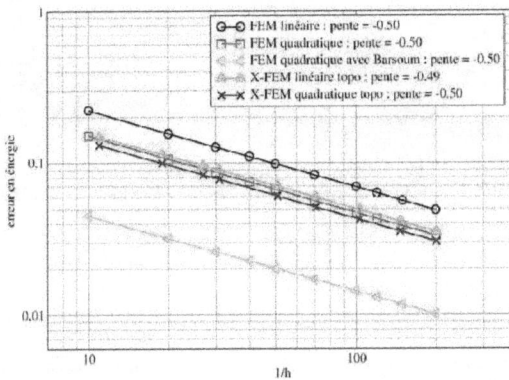

Figure 3.1-10 : convergences en énergie pour les méthodes FEM et X-FEM avec enrichissement topologique [66].

Afin de retrouver les taux de convergence espérés en h^k, l'enrichissement géométrique [15] est adopté. Dès que la zone d'enrichissement est suffisamment large par rapport à la taille des éléments pour être efficace, un taux de convergence de 1 est retrouvé pour des éléments linéaires (pente de –1 sur la Figure 3.1-11).

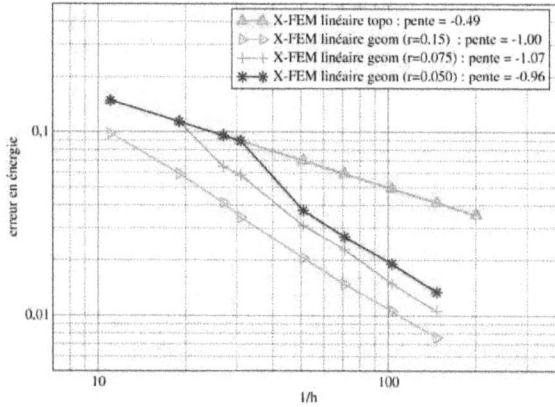

Figure 3.1-11 : comparaison des convergences en énergie pour les méthodes X-FEM topologiques et X-FEM avec enrichissement géométrique [66].

Afin de tester l'efficacité du rayon d'enrichissement, on étudie son influence sur l'erreur en énergie dans [66], pour un maillage donné. Si on note r le rayon d'enrichissement et h le pas de maillage, on note que l'erreur diminue fortement pour r valant entre une fois et 4 fois le pas de maillage. Par ailleurs, le taux de convergence de l'erreur en énergie par rapport au rayon d'enrichissement varie en $r^{1/2}$.

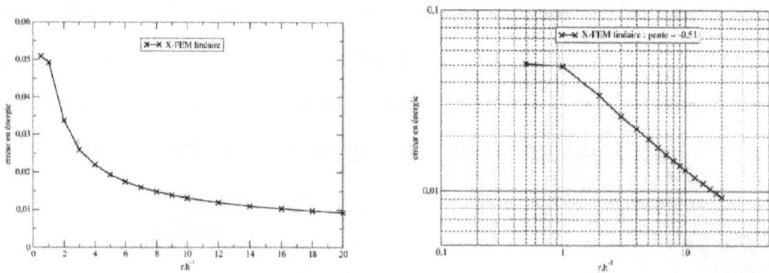

Figure 3.1-12 : évolution de l'erreur en énergie en fonction du rayon d'enrichissement [66] (échelle logarithmique à droite).

3.2   Bilan et perspectives de recherche

L'effet des différents enrichissements est montré en termes de convergence et de qualité des résultats. L'enrichissement géométrique permet d'accélérer la convergence, mais dégrade le conditionnement de la matrice de rigidité. A noter que des taux de convergence optimaux peuvent être obtenus sous certaines conditions avec X-FEM alors que ce n'est pas le cas en FEM. Les méthodes X-FEM devraient donc à terme, une fois optimisées fournir de meilleurs résultats en termes de précisions que les équivalents FEM à maillage identique. Une mise en place d'une technique de réduction des degrés de liberté du type [93] serait aujourd'hui prioritaire, pour les éléments X-FEM quadratiques, notamment, associée à un choix de fonctions de forme linéaires (dans un premier temps) pour les degrés de liberté avec enrichissement asymptotique. Afin d'assurer robustesse et justesse en 3D ou pour des éléments quadratiques les pistes d'orthogonalisation [138] ébauchées pour l'amélioration du conditionnement lors de la thèse de Maximilien Siavelis devront être approfondies et validées sur des applications 3D. Ces aspects seront regardés dans le cadre d'une thèse sur le développement d'éléments X-FEM quadratiques en 2D et 3D.

4 EXPLOITATION DES GRANDEURS EN FOND DE FISSURE

4.1 Le calcul des facteurs d'intensité des contraintes

Deux méthodes couramment utilisées ont été étendues aux éléments finis X-FEM pour déterminer les facteurs d'intensité des contraintes et le taux de restitution d'énergie :

- la méthode par interpolation des sauts de déplacements, relativement simple qui consiste à utiliser le lien entre le saut de déplacement sur les lèvres de la fissure, et les facteurs d'intensité des contraintes ;
- la méthode G-thêta [42,43].

On rappelle brièvement la méthode G-thêta [42,43] utilisée pour le calcul du taux de restitution d'énergie en mécanique de la rupture linéaire, suite à un calcul éléments finis classiques (en 2D ou 3D). Avec le choix de la base locale au fond de fissure explicité ci-dessus, on en déduit le calcul des facteurs d'intensité des contraintes en utilisant une forme bilinéaire que l'on peut directement construire à partir d'expressions de G-thêta.

En élasticité linéaire, on définit la densité d'énergie libre Ψ, en l'absence de déformations et de contraintes initiales par une forme quadratique définie positive des composantes du tenseur des déformations :

$$\Psi(\varepsilon, T) = \frac{1}{2}(\varepsilon - \varepsilon^{th}) : C : (\varepsilon - \varepsilon^{th})$$

C est le tenseur de Hooke (tenseur du 4ème ordre), et les deux points désignent le produit tensoriel contracté sur deux indices.

Le tenseur des contraintes $\boldsymbol{\sigma}$ dérive du potentiel $\boldsymbol{\Psi}$ pour donner la loi d'état (ou loi de comportement du matériau) :

$$\boldsymbol{\sigma} = \frac{\partial \boldsymbol{\Psi}}{\partial \boldsymbol{\varepsilon}}(\boldsymbol{\varepsilon}, T) = \mathbf{C} : (\boldsymbol{\varepsilon} - \boldsymbol{\varepsilon}^{th})$$

Les relations d'équilibre en formulation faible sont obtenues en minimisant l'énergie potentielle globale du système :

$$W(\mathbf{v}, T) = \int_{\Omega} \boldsymbol{\Psi}(\varepsilon(\mathbf{v}), T) d\Omega - \int_{\Omega} f_i v_i d\Omega - \int_{S} t_i v_i dS$$

où $\mathbf{f}$ sont les efforts volumiques et $\mathbf{t}$ sont les efforts surfaciques, qui peuvent aussi s'appliquer sur les lèvres de la fissure.

On définit de plus les espaces des champs cinématiquement admissibles V et V_0 tels que :

$$V = \{v \text{ admissibles}, v = \mathbf{U} \text{ champ de déplacement imposé sur } S_d \subset S\}$$
$$V_0 = \{v \text{ admissibles}, v = 0 \text{ sur } S_d \subset S\}$$

Cette fonctionnelle étant minimale pour le champ de déplacement $\mathbf{u}$, cela revient à trouver $\mathbf{u} \in V$ cinématiquement admissible tel que :

$$\int_{\Omega} \sigma_{ij} v_{i,j} d\Omega = \int_{\Omega} f_i v_i d\Omega + \int_{S} t_i v_i dS \quad , \quad \forall \mathbf{v} \in V_0$$

Par définition, le taux de restitution d'énergie locale G est défini par l'opposé de la dérivée de l'énergie potentielle par rapport au domaine :

$$G = -\frac{\partial W}{\partial \Omega}$$

La méthode des extensions virtuelles utilisée ici est une méthode lagrangienne de dérivation de l'énergie potentielle. Elle consiste à introduite des transformations :

$$F^{\eta} : P \in \Omega \to M = P + \eta \theta(P) \in \Omega^{\eta}$$

qui à chaque point matériel P du domaine de référence Ω, associent un point spatial M du domaine transformé Ω^{η}. Ces transformations représentant des propagations de la fissure, ne doivent modifier que la position du fond de fissure initiale Γ_0. Les champs de vitesse $\boldsymbol{\theta}$ peuvent donc être nuls à une certaine distance du front de fissure mais ils doivent être tangents à la surface de la fissure, c'est-à-dire qu'en notant $\mathbf{n}$ la normale à la surface de la fissure, les champs $\boldsymbol{\theta}$ doivent vérifier [42] :

1. $\boldsymbol{\theta}$ reste parallèle au plan de la fissure : $\boldsymbol{\theta} \in \Theta = \{\boldsymbol{\mu}\, \text{tels que}\, \boldsymbol{\mu}.\mathbf{n} = 0\, \text{sur}\, \Gamma_0\}$,

2. $\Omega^\eta \subset \Omega$, ce qui implique notamment que lorsque des fissures débouchent en peau externe du domaine Ω, le champ $\boldsymbol{\theta}$ est à la fois parallèle au plan de la fissure mais aussi à la surface débouchante,

3. le support de $\boldsymbol{\theta}$ est limité à un voisinage de la fissure où aucune force n'est appliquée, et il n'y a donc pas de forces appliquées dans la partie variable (avec η) de Ω^η,

4. les composantes de $\boldsymbol{\theta}$ sont au moins lipschitziennes,

5. $\int_\Omega \text{div}\, \boldsymbol{\theta}\, d\Omega = 1$, condition qui assure que l'aire créée dans la cinématique virtuelle du fond de fissure est unitaire, le mouvement étant considéré comme infinitésimal.

Dans la suite de notre exposé, l'ensemble des hypothèses originelles de [42] sont conservées, exceptée l'hypothèse 3, ce qui permet de prendre en compte des chargements de type pression sur les lèvres de la fissure.

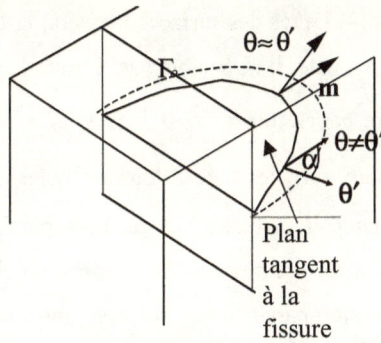

Figure 4.1-1 : évolution de la fissure dans son plan tangent

Soit **m** la normale unitaire au fond de fissure, située dans le plan tangent de la fissure. Le taux de restitution d'énergie local G est solution de l'équation variationnelle suivante [113] :

$$\int_{\Gamma_0} G\,\boldsymbol{\theta}\cdot\mathbf{m}d\Gamma = \mathcal{G}_{\boldsymbol{\theta}}(\mathbf{u}) \quad , \quad \forall\boldsymbol{\theta}\in\Theta \qquad\qquad \text{éq 4.1-1}$$

où $\mathcal{G}_{\boldsymbol{\theta}}(\mathbf{u})$ est défini par l'opposé de la dérivée particulaire de l'énergie potentielle $W(\mathbf{u}(\eta))$ à l'équilibre par rapport à l'évolution initiale du fond de fissure :

$$\mathcal{G}_{\boldsymbol{\theta}}(\mathbf{u}) = -\frac{dW(\mathbf{u}(\eta))}{d\eta}\bigg|_{\eta=0}$$

La quantité $\boldsymbol{\theta}\cdot\mathbf{m}$ représente la vitesse normale du fond de fissure. La forme de l'équation éq 4.1-1 qui suppose que $\mathcal{G}_{\boldsymbol{\theta}}(\mathbf{u})$ varie linéairement en fonction de la vitesse normale du fond de fissure ne peut être rigoureusement prouvée que si le champ $\boldsymbol{\theta}$ est choisi normal au fond de fissure [113], ce qui vient en contradiction

61/197

avec l'hypothèse 2 de [42], près des surfaces libres où la fissure débouche si celle-ci ne leur est pas orthogonale. Il ne semble pas, à notre connaissance, qu'il y ait de cadre théorique propre pour estimer $\mathcal{G}_{\theta}(\mathbf{u})$ dans le cas de fissures débouchantes inclinées par rapport aux surfaces libres. Pour éviter les effets de bord, on choisit alors de corriger le champ θ de façon à ce qu'il soit parallèle aux surfaces libres à l'endroit où débouchent les fissures : on choisit ainsi un champ normal au fond de fissure à cœur et un champ parallèle aux surfaces libres à l'endroit où débouchent les fissures. Les hypothèses 4 et 5, ainsi que le caractère rigoureux de éq 4.1-1 sont alors perdus localement : par contre on peut définir des champs θ sur chacune des parties (cœur, surfaces débouchantes) vérifiant les hypothèses [42]. Dans le cadre de la thèse de Jean-Baptiste Esnault, nous avons choisi de prendre des champs θ non orthogonaux au fond de fissure, respectant les hypothèses 2 et 5 : il est alors facile de montrer que numériquement, pour un fond de fissure peu courbé, ce choix est équivalent à prendre un champ θ' orthogonal au fond de fissure. En effet les modules des deux champs sont liés entre eux localement par le cosinus de l'angle qu'ils forment de telle sorte que $\|\theta\| = \dfrac{\|\theta'\|}{\cos\alpha}$, entraînant $\theta'.\mathbf{m} = \theta.\mathbf{m} = 1$. La différence réside alors dans l'orientation donnée par θ de la couronne volumique utilisée pour le calcul de l'équation éq 4.1-1 : moins le fond de fissure est courbe, moins la différence est importante.

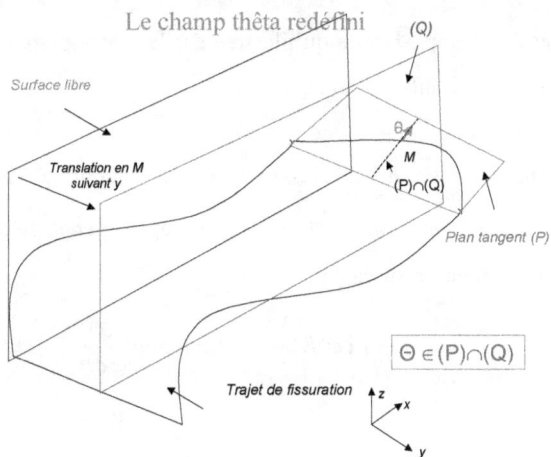

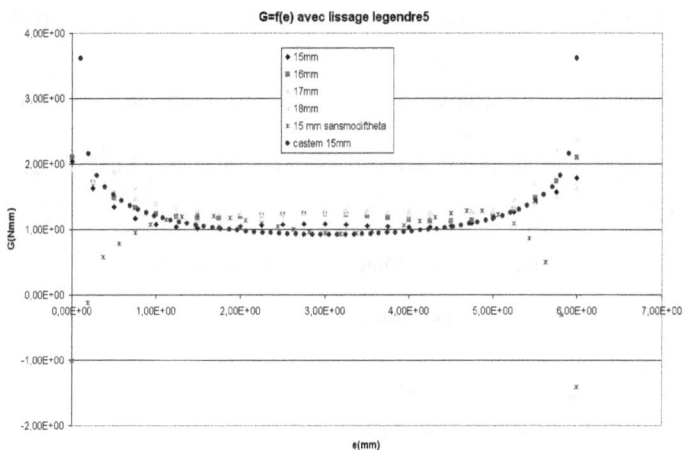

Figure 4.1-2 : estimation des facteurs d'intensité des contraintes dans le cas d'une fissure plane convexe. Garder un champ θ orthogonal au fond de fissure conduit à des résultats non physiques sur la valeur de G (G<0) car près des bords libres les

couronnes d'intégration de l'équation éq 4.1-1 ne sont plus complètes. Avec modification du champ $\boldsymbol{\theta}$ telle qu'illustrée sur la vue supérieure, on retrouve des résultats plus satisfaisants.

Pour une transformation F^{η} de classe C^1 et une fonction φ (tenseur d'ordre 0, 1 ou 2) de classe C^1, en notant $\dot{\varphi}$ la dérivée lagrangienne liée à la variation de domaine, on a la relation suivante :

$$\frac{d}{d\eta}\left(\int_{\Omega}\varphi\,d\Omega\right)\Bigg|_{\eta=0} = \int_{\Omega}\dot{\varphi}+\varphi\,div\left(\frac{\partial F^{\eta}}{\partial\eta}\right)_{\eta=0}\,d\Omega$$

où :

$$\dot{\varphi}=\frac{d\varphi}{d\eta}=\frac{\partial\varphi}{\partial\eta}+\nabla\varphi\cdot\theta$$

$\dot{\varphi}=\dfrac{d\varphi}{d\eta}$ est la dérivée lagrangienne du champ φ exprimée en fonction de sa dérivée eulérienne $\dfrac{\partial\varphi}{\partial\eta}$. Par la suite, lorsque aucune confusion ne sera possible, on désignera par . la dérivée lagrangienne dans une propagation virtuelle de fissure de vitesse $\boldsymbol{\theta}$.

En fait, dans la pratique, la transformation F^{η} n'est pas toujours de classe C^1 car le champ $\boldsymbol{\theta}$ est seulement C^1 par morceaux.

Ainsi,

$$-\mathcal{G}_{\boldsymbol{\theta}}(\mathbf{u})=\frac{d}{d\eta}\left(\int_{\Omega}\Psi-f_iu_i\,d\Omega-\int_{S}t_iu_i\,dS\right)\Bigg|_{\eta=0}=$$

$$\int_{\Omega}\overbrace{\Psi-f_iu_i}+(\Psi-f_iu_i)div(\boldsymbol{\theta})\,d\Omega-\int_{S}\overbrace{t_iu_i}+t_iu_i\left(div(\boldsymbol{\theta})-(\nabla\boldsymbol{\theta}.\mathbf{n}).\mathbf{n}\right)\,dS$$

or :

$$\dot{\Psi}(\varepsilon) = \frac{\partial \Psi}{\partial \varepsilon_{ij}} \dot{\varepsilon}_{ij} = \sigma_{ij} \dot{\varepsilon}_{ij}$$

donc :

$$-\mathcal{G}_{\theta}(\mathbf{u}) = \int_{\Omega} \sigma_{ij}\dot{\varepsilon}_{ij} + \frac{\partial \Psi}{\partial T}\dot{T} - \dot{f}_i u_i - f_i \dot{u}_i + (\Psi - f_i u_i)\theta_{k,k} \; d\Omega$$
$$- \int_{S} \dot{t}_i u_i + t_i \dot{u}_i + t_i u_i \left(\theta_{k,k} - n_i \theta_{i,j} n_j \right) dS \qquad\qquad \text{éq 4.1-2}$$

Premièrement, utilisons la relation donnant la dérivée lagrangienne d'un champ φ

en fonction de sa dérivée eulérienne $\dfrac{\partial \varphi}{\partial \eta}$:

$$\dot{\varphi} = \frac{d\varphi}{d\eta} = \frac{\partial \varphi}{\partial \eta} + \nabla \varphi \cdot \theta$$

La force volumique $\mathbf{f}$, la force surfacique $\mathbf{t}$ et la température T étant supposées indépendantes de η, c'est-à-dire étant les restrictions à Ω de champs définis sur $\Re^3$, on a donc les relations suivantes, obtenues à partir de l'annulation des dérivées lagrangiennes de $\mathbf{f}$, $\mathbf{t}$ et T :

$$\dot{T} = T_{,k}\theta_k$$
$$\dot{f}_i = f_{i,k}\theta_k$$
$$\dot{t}_i = t_{i,k}\theta_k$$

Deuxièmement, utilisons la relation donnant la dérivée lagrangienne du gradient d'un champ en fonction du gradient du champ et du gradient de la dérivée du champ :

$$\dot{\nabla}\varphi = \nabla\dot{\varphi} - \nabla\varphi \cdot \nabla\theta$$

soit en notations indicielles,

$$\widetilde{\dot{\varphi}_{i,j}} = \dot{\varphi}_{i,j} - \varphi_{i,p}\,\theta_{p,j}$$

donc :

$$\dot{\varepsilon}_{i,j} = \frac{1}{2}\left(\dot{u}_{i,j} + \dot{u}_{j,i}\right) - \frac{1}{2}\left(u_{i,p}\theta_{p,j} + u_{j,p}\theta_{p,i}\right)$$

En remplaçant les 2 expressions précédentes dans l'équation éq 4.1-2 on obtient :

$$-\mathcal{G}_{\boldsymbol{\theta}}(\mathbf{u}) = \int_{\Omega} \sigma_{ij}\dot{u}_{i,j} - \sigma_{ij}u_{i,p}\theta_{p,j} + \frac{\partial\Psi}{\partial T}T_{,k}\theta_k - f_{i,k}\theta_k u_i - f_i\dot{u}_i + \left(\Psi - f_i u_i\right)\theta_{k,k}\ d\Omega$$

$$-\int_{S} t_{i,k}\theta_k u_i + t_i\dot{u}_i + t_i u_i\left(\theta_{k,k} - n_k\theta_{k,j}n_j\right)\ dS$$

Nous avons défini précédemment les espaces :

$V = \{v\ \text{admissibles},\ v = \mathbf{U}\ \text{champ de déplacement imposé sur}\ S_d \subset S\ \}$

$V_0 = \{v\ \text{admissibles},\ v = 0\ \text{sur}\ S_d \subset S\ \}$

avec notamment $\mathbf{u} \in V$. On montre alors que $\dfrac{\partial \mathbf{u}}{\partial \eta} \in V_0$ ce qui est dû à la stationnarité des conditions aux limites par rapport à l'avancée de fissure et que $\dot{\mathbf{u}} \in \dot{V}$ prenant en compte la variation de $\mathbf{u} \in V$ dans la transformation F^{η} tel que :

$\dot{V} = \{v\ \text{admissibles},\ v = \nabla\mathbf{U}.\boldsymbol{\theta}\ \text{champ de déplacement imposé sur}\ S_d \subset S\ \}.$

On peut éliminer les termes en $\dot{\mathbf{u}}$ en remarquant que le champ $\dot{\mathbf{u}} \in \dot{V}$ est cinématiquement admissible et satisfait l'équation d'équilibre :

$$\int_{\Omega} \sigma_{ij}\dot{u}_{i,j}d\Omega = \int_{\Omega} f_i\dot{u}_i d\Omega + \int_{S} t_i\dot{u}_i dS + \int_{Sd} (\boldsymbol{\sigma}.\mathbf{n}).(\nabla\mathbf{U}.\boldsymbol{\theta})dS \qquad \text{éq 4.1-3}$$

Par un choix judicieux de fonctions $\boldsymbol{\theta}$, on peut annuler le dernier terme de équation éq 4.1-3, ce qui donne l'expression finale suivante de $\mathcal{G}_{\boldsymbol{\theta}}(\mathbf{u})$:

$$
\begin{aligned}
\mathcal{G}_{\boldsymbol{\theta}}(\mathbf{u}) = &\int_{\Omega} \sigma_{ij} u_{i,p} \theta_{p,j} - \Psi \theta_{k,k} + \frac{\partial \Psi}{\partial T} T_{,k} \theta_k \ d\Omega + \int_{\Omega} f_{i,k} \theta_k u_i + f_i u_i \theta_{k,k} \ d\Omega \\
&+ \int_{S} t_{i,k} \theta_k u_i + t_i u_i \left(\theta_{k,k} - n_k \theta_{k,j} n_j \right) dS
\end{aligned}
\qquad \text{éq 4.1-4}
$$

$\mathcal{G}_{\boldsymbol{\theta}}(\mathbf{u})$ a la même valeur qu'il s'agisse d'une propagation droite ou d'une propagation courbe, dans la mesure où les tangentes sont identiques au départ. En revanche, on ne peut rien dire du cas de la propagation dans une direction marquant un angle de bifurcation par rapport au plan tangent de la fissure car dans ce cas les termes de l'équation éq 4.1-4 ne sont plus intégrables [112].

Si l'on remplace directement par les champs asymptotiques solutions des équations éq 3.1-1 dans l'expression ci-dessus [43], pris à la température de référence en l'absence d'efforts surfaciques et volumiques, on en déduit que $\mathcal{G}_{\boldsymbol{\theta}}(\mathbf{u})$ vaut :

$$
\mathcal{G}_{\boldsymbol{\theta}}(\mathbf{u}^a) = \int_{\Gamma_0} G^a \boldsymbol{\theta}.\mathbf{m} d\Gamma
$$

avec : $G^a = \dfrac{1-\nu^2}{E}\left(K_I^{a\,2} + K_{II}^{a\,2}\right) + \dfrac{1}{2\mu} K_{III}^{a\,2}$. Une façon aisée d'obtenir ce résultat est d'utiliser l'intégrale de Rice, qui se présente comme une intégrale de contour équivalente à l'expression de $\mathcal{G}_{\boldsymbol{\theta}}(\mathbf{u})$ dont on peut trouver une expression développée avec termes volumiques, surfaciques et de température dans [113].
Soit alors la forme bilinéaire définie par :

$$
g_{\boldsymbol{\theta}}(\mathbf{u}, \mathbf{v}) = \frac{1}{4}\left(\mathcal{G}_{\boldsymbol{\theta}}(\mathbf{u}+\mathbf{v}) - \mathcal{G}_{\boldsymbol{\theta}}(\mathbf{u}-\mathbf{v})\right)
$$

pour des champs **v** pris à la température de référence en l'absence d'efforts surfaciques et volumiques. On obtient dans ce cas pour un champ solution de la même forme que les champs asymptotiques :

$$g_{\boldsymbol{\theta}}(\mathbf{u}, \mathbf{u}^a) = \int_{\Gamma_0}\left[\frac{1-\nu^2}{E}\left(K_I K_I^a + K_{II} K_{II}^a\right) + \frac{1}{2\mu} K_{III} K_{III}^a \right]\boldsymbol{\theta}.\mathbf{m}d\Gamma$$

Cette forme bilinéaire a comme propriété intéressante celle de séparer les trois modes d'ouverture singuliers de la fissure ainsi que la solution régulière [43]. En effet, dans la forme $g_{\boldsymbol{\theta}}(\mathbf{u}, \mathbf{v})$, si le champ à gauche est le champ de déplacement solution et si le terme à droite est un champ de déplacement singuliers en fond de fissure $\mathbf{u}_I^a$, $\mathbf{u}_{II}^a$ ou $\mathbf{u}_{III}^a$, les facteurs d'intensité des contraintes s'expriment de la manière suivante :

$$\frac{E}{1-\nu^2}\int_{\Gamma_0} K_I\,\boldsymbol{\theta}.\mathbf{m}\,d\Gamma = g_{\boldsymbol{\theta}}(\mathbf{u}, \mathbf{u}_I^a), \quad \forall \boldsymbol{\theta} \in \Theta \qquad\qquad \text{éq 4.1-5}$$

$$\frac{E}{1-\nu^2}\int_{\Gamma_0} K_{II}\,\boldsymbol{\theta}.\mathbf{m}\,d\Gamma = g_{\boldsymbol{\theta}}(\mathbf{u}, \mathbf{u}_{II}^a), \quad \forall \boldsymbol{\theta} \in \Theta \qquad\qquad \text{éq 4.1-6}$$

$$\frac{1}{2\mu}\int_{\Gamma_0} K_{III}\,\boldsymbol{\theta}.\mathbf{m}\,d\Gamma = g_{\boldsymbol{\theta}}(\mathbf{u}, \mathbf{u}_{III}^a), \quad \forall \boldsymbol{\theta} \in \Theta \qquad\qquad \text{éq 4.1-7}$$

Certains auteurs utilisent le concept d'intégrales d'interactions, à la place de la forme bilinéaire de $g_{\boldsymbol{\theta}}(\mathbf{u}, \mathbf{v})$. Ces deux vocabulaires désignent en fait les mêmes quantités à un coefficient multiplicatif près. En effet, en notant I^{u,u_i^a} l'intégrale d'interaction entre le champ solution et le champ singulier en mode I, l'expression de K_I en terme d'intégrale d'interaction est [73] :

$$\frac{2E}{1-v^2}K_I = I^{\mathbf{u},\mathbf{u}_I^a}$$

Si on note s l'abscisse curviligne le long du fond de fissure, le calcul de la valeur locale de K_I, K_{II} et K_{III} nécessite de résoudre l'équation variationnelle suivante pour plusieurs champs θ^i :

$$\frac{\left(1-v^2\right)}{E}\int_{\Gamma_0} K_I(s)\theta^i(s)\cdot m(s)\,ds = g\left(u,u_I^S\right)_{\theta^i} \qquad \forall i \in [1,P]$$

$$\frac{\left(1-v^2\right)}{E}\int_{\Gamma_0} K_{II}(s)\theta^i(s)\cdot m(s)\,ds = g\left(u,u_{II}^S\right)_{\theta^i} \qquad \forall i \in [1,P] \quad \text{éq 4.1-8}$$

$$\frac{1}{2\mu}\int_{\Gamma_0} K_{III}(s)\theta^i(s)\cdot m(s)\,ds = g\left(u,u_{III}^S\right)_{\theta^i} \qquad \forall i \in [1,P]$$

Les champs scalaires $K_I(s)$, $K_{II}(s)$ et $K_{III}(s)$ sont discrétisés sur la base notée $\left(p_j(s)\right)_{1\leq j \leq N}$:

$$K_I(s) = \sum_{j=1}^{N} K_{Ij}\, p_j(s)$$

$$K_{II}(s) = \sum_{j=1}^{N} K_{IIj}\, p_j(s)$$

$$K_{III}(s) = \sum_{j=1}^{N} K_{IIIj}\, p_j(s)$$

De même, les champs θ^i sont discrétisés sur une base notée $\left(q_k(s)\right)_{1\leq k \leq M}$. Soit $\overline{\theta}^i$ la trace du champ θ^i sur le fond de fissure Γ_o : $\overline{\theta}^i(s) = \theta^i_{|\Gamma_o}(s)$ et soient θ^i_k les composantes de $\overline{\theta}^i(s)$ dans cette base :

$$\overline{\theta}^i(s) \;=\; \sum_{k=1}^{M} \theta_k^i \, q_k(s)$$

En injectant ces expressions dans l'équation variationnelle, il vient :

$$\int_{\Gamma_o} \sum_{j=1}^{N} K_{Ij}\, p_j(s) \sum_{k=1}^{M} \left(\theta_k^i \, q_k(s)\right)\cdot \mathbf{m}(s)\, ds \;=\; g\!\left(u,u_I^S\right)_{\theta^i} \quad , \quad \forall i \in [1,P]$$

$$\int_{\Gamma_o} \sum_{j=1}^{N} K_{IIj}\, p_j(s) \sum_{k=1}^{M} \left(\theta_k^i \, q_k(s)\right)\cdot \mathbf{m}(s)\, ds \;=\; g\!\left(u,u_{II}^S\right)_{\theta^i} \quad , \quad \forall i \in [1,P]$$

$$\int_{\Gamma_o} \sum_{j=1}^{N} K_{IIIj}\, p_j(s) \sum_{k=1}^{M} \left(\theta_k^i \, q_k(s)\right)\cdot \mathbf{m}(s)\, ds \;=\; g\!\left(u,u_{III}^S\right)_{\theta^i} \quad , \quad \forall i \in [1,P]$$

Les K_j peuvent donc être déterminés en résolvant le système d'équations éq 4.1-9 linéaire à P équations et N inconnues [131] :

$$\begin{cases} \displaystyle\sum_{j=1}^{N} a_{ij}K_j = b_i, i = 1,P \\[2ex] \text{avec } a_{ij} = \displaystyle\sum_{k=1}^{M} \theta_k^i \int_{\Gamma_o} p_j(s) q_k(s)\cdot \mathbf{m}(s)\, ds \\[2ex] b_i = g\!\left(u,u^s\right)_{\theta^i} \end{cases} \qquad \text{éq 4.1-9}$$

Ce système a une solution si on choisit P champs θ^i indépendants tels que : $P \geq N$ et si $M \geq N$. Il peut comporter plus d'équations que d'inconnues, auquel cas il est résolu au sens des moindres carrés.

Diverses combinaisons sont possibles quant au choix des bases $\left(p_j(s)\right)_{1 \leq j \leq N}$ et $\left(q_k(s)\right)_{1 \leq k \leq M}$, résumées dans le Tableau 4.1-1 ci-dessous:

	Polynômes de LEGENDRE	Fonctions de forme
$p_j(s)$	$(\gamma_j(s))_{0 \le j \le NDEG}$	$(\varphi_j(s))_{1 \le j \le NNO}$
$q_k(s)$	$(\gamma_k(s))_{0 \le k \le NDEG}$	$(\varphi_k(s))_{1 \le k \le NNO}$

Tableau 4.1-1: Choix de la discrétisation.

où NNO est le nombre de nœuds du fond de fissure et NDEG le degré maximal des polynômes de LEGENDRE choisi par l'utilisateur avec $NDEG \le 7$ dans Code_Aster. Lorsque N=M=NNO on retrouve la méthode d'extension virtuelle proposée par [9].

Dans la pratique [60] et comme nous le verrons en fin du paragraphe suivant la méthode de lissage de type Lagrange présente l'inconvénient majeur d'induire des oscillations des valeurs calculées le long du fond de fissure avec la méthode X-FEM (Figure 4.2-3 b et d). La méthode de lissage de type Legendre corrige ces oscillations, mais fait perdre un peu le caractère local du calcul (Figure 4.2-3 c). Ce constat peut être mis en parallèle avec celui de l'article [131] où un phénomène équivalent pour le calcul de G avec une méthode d'intégrales de domaines, pour des maillages libres tétraédriques, est mis en évidence. Afin d'éviter des singularités dues au positionnement des points d'intégration par rapport au fond de fissure dans le calcul des termes b_i de éq 4.1-9, il est proposé d'utiliser une discrétisation différente de θ^i permettant de régulariser les résultats en étendant le support des fonctions de forme sur le fond de fissure. Dans le cas X-FEM, comme le support des champs thêta locaux peut varier significativement le long du fond de fissure et être très étroit le long du fond de fissure, une nouvelle méthode de lissage s'inspirant de [131], de type Lagrange mais régularisée avec des supports pour les fonctions de forme étendus sur quatre mailles au lieu de deux est présentée dans [60] sans pour autant être efficace dans le cas de maillages libres tétraédriques avec X-FEM.

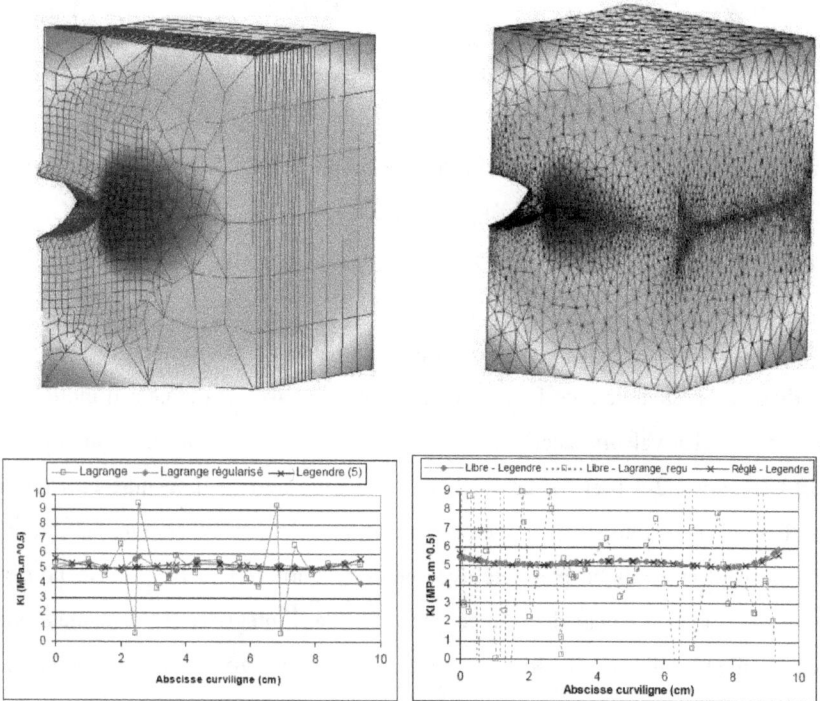

Figure 4.1-3 : comparaison des résultats sur le facteur d'intensité des contraintes KI pour les divers lissages pour un maillage réglé avec hexaèdres X-FEM (figures de gauche) et un maillage libre avec tétraèdres X-FEM (figures de droite) [60].

4.2 Quelques résultats

Quand on regarde maintenant, l'ordre de convergence sur les valeurs de G ou des facteurs d'intensité des contraintes, il doit valoir le carré de celui obtenu sur la norme en énergie, G faisant intervenir des termes en énergie (et non une racine carrée de l'énergie). Avec les éléments X-FEM à enrichissement topologique, on retrouve une pente de −1, alors qu'avec un enrichissement géométrique la pente est de −2 [66]. Pour des éléments FEM linéaires, quadratiques ou Barsoum, la pente reste égale à −1 [66]. Des résultats similaires sont obtenus pour des calculs utilisant des approches énergétiques ou basés sur l'utilisation des sauts de déplacements (pour peu que l'on garde constante la distance au fond de fissure sur laquelle on fait les interpolations afin de bénéficier de l'effet de raffinement du maillage comme c'est le cas pour la courbe POST_K_AF de la Figure 4.2-1 à comparer avec la courbe POST_K_AV).

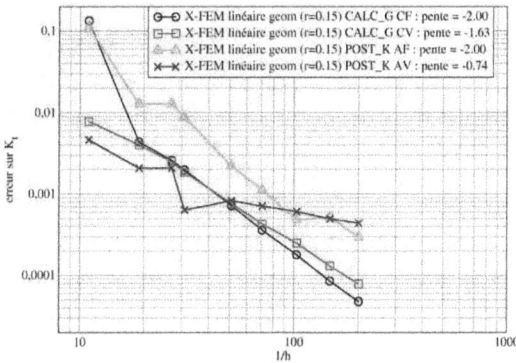

Figure 4.2-1 : convergences en KI pour la méthode X-FEM avec enrichissement géométrique. Comparaison entre les calculs énergétiques et les calculs avec sauts de déplacements [66].

Concernant, le choix des couronnes d'intégration avec la méthode énergétique, on conseille de choisir des couronnes d'intégration fixes en dehors de la zone d'enrichissement géométrique, l'intégration de la forme bilinéaire n'étant pas optimale sur les éléments enrichis [66].

Pour terminer on donne un exemple de validation semi-industriel sur le cas d'un tube fissuré, application traitée par ailleurs avec un outil métier sur base de remaillage. Les résultats sont tirés de [60] et [63]. Des exemples sur cas industriels traités avec Code_Aster par la méthode X-FEM et comparés à des approches par éléments finis classiques peuvent par ailleurs être trouvés dans [61] et [65].

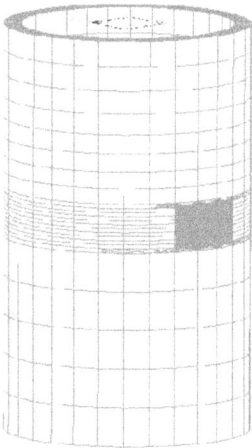

(a) Maillage sain.

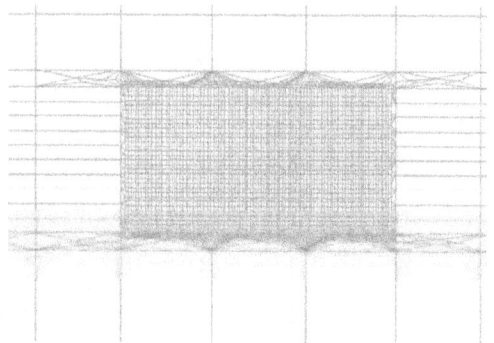

(b) Maillage sain – Zoom sur la partie raffinée (maillage réglé).

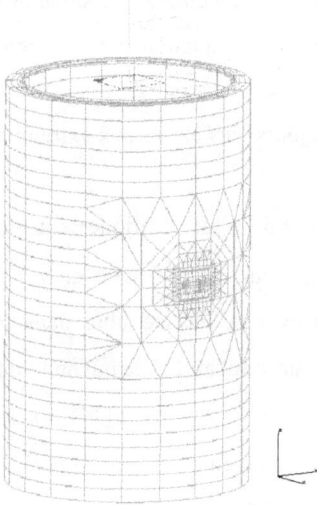

(c) Maillage avec fissure maillée.

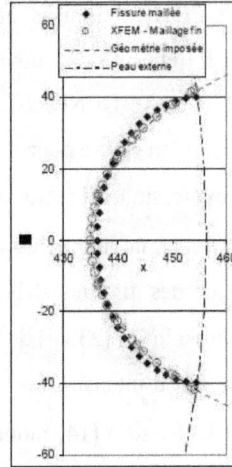

(d) Géométrie de la fissure.

Figure 4.2-2 : exemple du tube fissuré – Maillages et typologie de la fissure.

Quatre calculs successifs sont menés avec une fissure semi-elliptique :

- calcul de référence, avec le maillage quadratique de la Figure 17c (méthode classique avec éléments de Barsoum en fond de fissure);
- calcul avec un maillage quadratique deux fois plus fin, pour vérifier la convergence du calcul sur le maillage de référence ;
- calcul sur le maillage de référence mais avec des mailles linéaires (méthode classique);
- calcul sur le maillage précédent avec les lèvres de la fissure recollées et avec la méthode XFEM.

L'évolution de K1 et de G le long de l'abscisse curviligne est tracée sur la Figure 4.2-3. On note que les résultats obtenus sur les deux maillages quadratiques (référence et maillage fin) sont très proches. De même, la méthode classique et la méthode X-FEM appliquées au même maillage linéaire conduisent au même résultat sur K1 et G: l'écart moyen varie entre 0,2 % (K1 – Lissage LEGENDRE) à 5 % (G – Lissage LEGENDRE). Les écarts sont toujours plus élevés aux extrémités de la fissure qu'au centre pour deux raisons :

- l'expression asymptotique des champs solution n'est théoriquement plus correcte, la singularité en contrainte n'étant plus en $r^{-0,5}$ mais en $r^{-0,452}$ pour des fissures débouchant normalement à la surface libre dans un milieu infini [23,24] de coefficient de Poisson ν valant 0.3 ce qui annule le facteur d'intensité des contraintes comme montré dans [8] et [14]. Bazant et Estenssoro [14] montrent que cette singularité en $r^{-0,5}$ est récupérée si l'on autorise la fissure à déboucher avec un angle de 11° par rapport à la normale (toujours pour un matériau dont le coefficient de Poisson vaut 0.3), ce qui est fait dans [8] et permet de récupérer des facteurs d'intensité des contraintes quasi constants pour une propagation en mode I d'une fissure plane dans une plaque;

- pour X-FEM, le calcul de G via la méthode G thêta si la fissure ne débouche pas normalement sort du cadre théorique présenté au §4.1, sachant que pour les simulations FEM on impose à la fissure de déboucher normalement à la surface libre avec la réserve émise précédemment.

L'écart moyen entre la solution sur maillage linéaire et la solution sur maillage quadratique est de l'ordre de 5 % sur K1 et de 10 % sur G.

Dans tous les cas, on note la forte influence du type de lissage utilisé pour obtenir les résultats sur l'ensemble du fond de fissure, conduisant à [60] :

- comparer les résultats obtenus pour plusieurs méthodes de lissage, avec éventuellement plusieurs valeurs pour le degré des polynômes de Legendre ;
- vérifier l'indépendance du calcul au choix des couronnes thêta ;
- faire également un post-traitement par interpolation des sauts de déplacements, méthode qui ne fait appel à aucun lissage sur le fond de fissure.

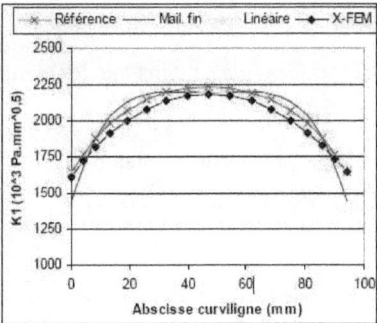

(a) K_I – Lissage LEGENDRE (5)

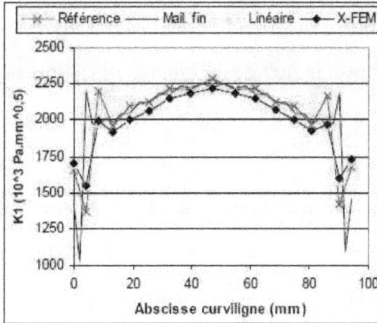

(b) K_I – Lissage LAGRANGE

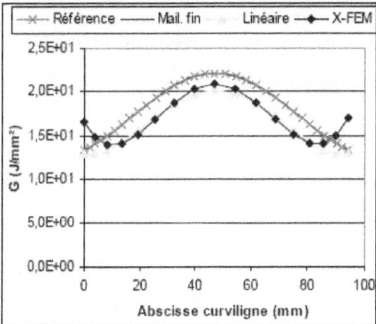

(c) G – Lissage LEGENDRE (5)

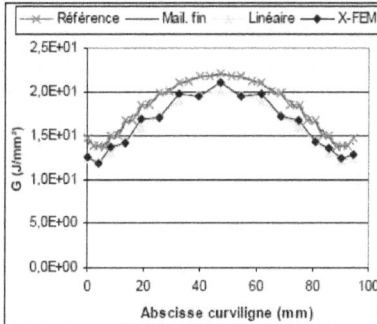

(d) G – Lissage LAGRANGE

Figure 4.2-3 : exemple du tube fissuré – Comparaison des valeurs de K et de G le long du fond de fissure pour différents lissages (résultats tirés de [60]).

4.3 Bilan et perspectives de recherche

Il est clair qu'en ayant disposé il y a de cela quelques années des outils de modélisation via la méthode X-FEM, la réalisation des études présentées aux §2.1 et §2.2 en aurait été transformée, avec des temps de réalisation et des coûts réduits. Les résultats en termes de convergence de l'erreur en énergie et de l'erreur sur G et KI sont conformes à ceux attendus. Les éléments X-FEM linéaires peuvent être aussi précis que des éléments classiques quadratiques (mais moins que les éléments de Barsoum, cf. Figure 3.1-10). Il serait intéressant de voir si le passage aux éléments quadratiques déjà évoqué au chapitre précédent permet d'obtenir une précision équivalente aux éléments de Barsoum. Ce point devrait être étudié dans le cadre d'une thèse sur les X-FEM quadratiques.

Les efforts doivent désormais porter sur une meilleure estimation des facteurs d'intensité des contraintes proches des surfaces libres, qui perturbent fortement l'ensemble de la solution sur G lorsque des lissages sont utilisés (avec une dépendance forte par rapport au lissage utilisé). De plus, avec les procédures de remaillage historiques, on impose de faire déboucher les fissures normalement aux surfaces libres. On montre dans [8] que cela ne permet pas d'obtenir le bon ordre de singularité et qu'en conséquence les facteurs d'intensité des contraintes chutent près des bords libres. En fatigue, cela peut avoir des conséquences en termes d'évolution du profil de fissuration comme remarqué dans [8]. On retrouve un ordre correct de singularité si l'on s'affranchit de cette hypothèse. Pour autant, les procédures de calcul des facteurs d'intensité des contraintes doivent alors être revues de façon à pouvoir prendre en compte des transformations du fond de fissure qui ne sont pas uniquement normales au fond de fissure dans le plan tangent à la fissure. Cet aspect sera regardé dans le cadre de la thèse de Jean-Baptiste Esnault traitant de la propagation en fatigue d'une fissure débouchant avec déversement. Dans [8], une piste intéressante est proposée sur l'exploitation des contraintes en pointe de fissure pour un maillage réglé quadratique en FEM avec des fissures débouchant à 45°. Les résultats donnés montrent une bonne concordance entre les différentes approches avec des évolutions très régulières des facteurs d'intensité des contraintes.

5 DETERMINATION ET MODELISATION DE TRAJETS DE FISSURATION

Dans le cadre des éléments finis étendus présentés précédemment, le fait de représenter la fissure indépendamment du maillage de la structure repose sur l'utilisation de courbes de niveaux. La simulation de différentes formes ou positions de fissure peut-être réalisée en modifiant la valeur de ces courbes de niveaux, notamment s'il y a propagation. Plusieurs techniques ont été proposées pour faire évoluer ces courbes de niveaux : certaines reposent sur la résolution d'équations différentielles qui décrivent mathématiquement le problème d'évolution des courbes de niveaux [118,74,1,124] alors que d'autres utilisent des équations non différentielles et des évolutions géométriques [51,155]. Une comparaison entre ces différentes méthodes peut être trouvée dans [51]. Dans la suite de notre présentation, nous nous intéresserons à deux méthodes utilisant la résolution d'équations différentielles, différant par l'intégration numérique mise en jeu, l'une utilisant la notion de simplexe et l'autre celle de différence finie, et à une méthode purement géométrique reposant sur la propagation d'un maillage de la fissure seule [64,58], maillage indépendant de celui de la structure. Toutes ces méthodes sont disponibles actuellement dans *Code_Aster*.

Quelles que soient les méthodes utilisées, la méthodologie de propagation décrite dans [118] peut être adoptée comme point de départ du fait de sa généralité. Le processus de réactualisation des courbes de niveaux se décompose en quatre étapes. Dans un premier temps, les courbes de niveau sont réactualisées afin de tenir compte de la propagation de la fissure. Après cette étape, les courbes de niveaux ne sont plus des fonctions distance et elles ne sont plus orthogonales entre elles. Une phase de réinitialisation de chaque famille de courbes de niveau doit être réalisée et ensuite une phase qui les rend orthogonales entre elles.

Les travaux présentés dans le cadre de cette deuxième partie ont été réalisés en collaboration avec Daniele Colombo, ingénieur chercheur CDD au sein du Laboratoire de Mécanique des Structures Industrielles Durables entre octobre 2008 et mai 2010, Julien Messier [115], Erwan Galenne [58] et Samuel Géniaut [64], ingénieurs chercheurs au sein du groupe Mécanique Théorique et Applications et Damien Tourret en stage de DEA au sein du LaMSID.

5.1 Les données fondamentales

Dans tous les cas, les ingrédients nécessaires à la propagation en mode mixte I+II sont la norme de la vitesse de propagation ainsi que la direction de propagation. Pour déterminer la direction de propagation, outre les critères locaux en présence de plasticité évalués au §2.2.3 [46,47,48,55,56,143], plusieurs autres critères peuvent être retenus en élasticité :

- le critère du taux de restitution d'énergie maximale [123] : parmi tous les accroissements de fissures virtuels cinématiquement admissibles et de même longueur, l'accroissement réel est celui qui maximise le taux de restitution d'énergie ;
- le critère de la densité locale minimale d'énergie [140] : selon ce critère proposé par Sih la trajectoire de la pointe de fissure correspond aux points possédant la densité minimale d'énergie élastique ;
- le critère de la contrainte normale maximale [54] qui stipule que la fissure se propage dans la direction β normale à la direction de la plus grande contrainte principale avec :

$$\beta = 2\arctan\left[\frac{1}{4}\left(\left(\frac{K_I}{K_{II}}\right) - sign(K_{II})\sqrt{\left(\frac{K_I}{K_{II}}\right)^2 + 8}\right)\right]$$ éq 5.1-1

Ces trois critères donnent des résultats équivalents pour des fissures avec de petits angles de déviation en élasticité.

Pour une propagation quasi-statique de la fissure, la vitesse d'avancée de la fissure peut être choisie de telle sorte qu'au moins une couche d'éléments finis soit modifiée. Pour une propagation en fatigue, le taux de restitution d'énergie G est utilisé pour calculer un facteur d'intensité équivalent Keq estimé en contraintes planes de façon à pouvoir être représentatif de conditions expérimentales [29] :

$$K_{eq} = \sqrt{\frac{GE}{1-v^2}}$$ éq 5.1-2

où E et v sont le module d'Young et le coefficient de Poisson. De cette expression on déduit un $\Delta K_{eq} = \sqrt{\frac{E}{1-v^2}}\left(\sqrt{G_{max}} - \sqrt{G_{min}}\right)$ sur un cycle de chargement que l'on peut utiliser dans une loi de propagation de type Paris. La propagation est contrôlée en imposant l'avancée de fissure maximale que l'on souhaite avoir pour un nombre de cycles donnés, ce qui peut permettre de gérer l'avancée de plusieurs fissures en contrôlant l'avancée de celle qui se propage le plus vite. Pour une fissure de fatigue sous chargement cyclique proportionnel, avec le critère de la contrainte normale maximale, la vitesse de propagation peut ainsi prendre la forme suivante :

$$\begin{cases} \mathbf{V}^P = V_T^P \mathbf{t}^P + V_N^P \mathbf{n}^P = C.\Delta K_{eq}^n \left(\cos \beta . \mathbf{t}^P + \sin \beta . \mathbf{n}^P \right) \\ \beta = 2 \arctan \left[\frac{1}{4} \left(\left(\frac{K_I}{K_{II}} \right) - sign(K_{II}) \sqrt{\left(\frac{K_I}{K_{II}} \right)^2 + 8} \right) \right] \end{cases} \qquad \text{éq 5.1-3}$$

5.2 Méthodes reposant sur l'utilisation d'équations différentielles

Dans le cas des méthodes simplexes et différences finies, les quatre phases d'évolution des courbes de niveau reposent sur la résolution d'équations différentielles d'Hamilton-Jacobi.

5.2.1 Phase de mise à jour des courbes de niveau

La première phase vise à recalculer ces courbes de niveau suite à la propagation de la fissure :

$$\frac{\partial \varphi_n(t)}{\partial t} + \nabla \varphi_n(t).\mathbf{V}_N = 0$$
$$\frac{\partial \varphi_t(t)}{\partial t} + \nabla \varphi_t(t).\mathbf{V}_T = 0 \qquad \text{éq 5.2-1}$$

avec $\mathbf{V}_N$ et $\mathbf{V}_T$ les vitesses de propagation normales et tangentes au front de fissure, définies sur tout l'espace. Comme les champs de vitesse sont connus uniquement sur le front de fissure, une extrapolation est donc nécessaire pour les points qui ne sont pas sur le front de fissure, dont un exemple de construction peut être trouvé dans [74], d'abord résumé, puis ensuite amélioré.

- Pour tous les points du front de fissure, on calcule :

$$\mathbf{V}_N^P = (\mathbf{V}^P.\mathbf{n}^P)\mathbf{n}^P = V_N^P \mathbf{n}^P$$

$$\mathbf{V}_T^P = (\mathbf{V}^P.\mathbf{t}^P)\mathbf{t}^P = V_T^P \mathbf{t}^P$$

éq 5.2-2

où $\mathbf{V}^P$ est le vecteur vitesse de propagation du front de fissure et $(\mathbf{t}^P, \mathbf{n}^P)$ sont les vecteurs tangent à la fissure mais orthogonal au fond de fissure et normal à la fissure en pointe de fissure.

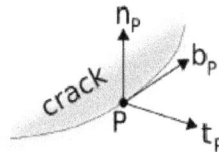

Figure 5.2-1 : définition d'une base locale pour chaque point du fond de fissure.

- Pour tous les points qui ne sont pas sur le fond de fissure, la vitesse est celle de leur projection sur le fond de fissure pour les courbes de niveau tangente. Une extrapolation linéaire par rapport à la distance de la projection sur la surface fissurée au fond de fissure est utilisée pour la vitesse normale si $\varphi_t(M) > 0$ et la vitesse normale vaut 0 pour tous les points derrière le front de fissure tels que $\varphi_t(M) \leq 0$, ce qui indique que les courbes de niveaux normales ne sont pas modifiées pour une fissure déjà existante. Enfin la vitesse tangente est donnée par la vitesse tangente du fond de fissure. Ainsi :

$$\begin{cases} V_N^M = 0 & \text{si} \quad \varphi_t(M) \le 0 \\ V_N^M = V_N^P \cdot \dfrac{\varphi_t(M)}{V_T^P \Delta t_{tot}} & \text{si} \quad \varphi_t(M) > 0 \end{cases}$$

$$V_T^M = V_T^P$$

éq 5.2-3

Le temps Δt_{tot} est une mesure de temps physique. Il peut être facilement calculé à partir de l'avancée maximale Δa_{max} de la fissure donnée par l'utilisateur suivant la formule :

$$\Delta t_{tot} = \frac{\Delta a_{max}}{\max_{P \in front} \left\| V_T^P + V_N^P \right\|}$$

éq 5.2-4

En fatigue Δt_{tot} représente le nombre de cycles de fatigue que l'on doit appliquer pour avoir l'avancée maximale de fissure souhaitée.

- Pour tous les points M, on a alors les vitesses suivantes :

$$\text{si} \quad \varphi_t(M) \le 0 \quad \begin{cases} V_N^M = 0 \\ V_T^M = V_T^P \nabla \varphi_t(M) \end{cases}$$

$$\text{si} \quad \varphi_t(M) > 0 \quad \begin{cases} V_N^M = V_N^M n^P \\ V_T^M = V_T^P t^P \end{cases}$$

éq 5.2-5

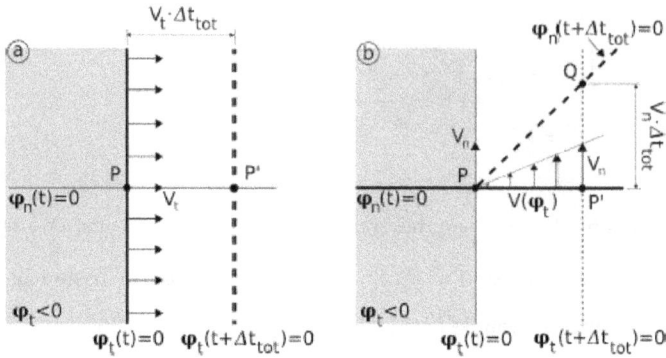

Figure 5.2-2 : champ de vitesse résultant de l'extension de la vitesse de propagation sur le fond de fissure. Sur la partie gauche (a), on représente la vitesse correspondant au déplacement de l'iso zéro de la level set tangente. Sur la partie droite (b), on représente la vitesse correspondant au déplacement de l'iso-zéro de la level set normale.

Il est à noter que dans le papier initial de [118], V_N et V_T sont gardés constants au cours de la résolution de

éq 5.2-1 : des instabilités apparaissent alors lors de la phase de réactualisation des courbes de niveau. La correction apportée par [51] qui consiste à réactualiser V_N et V_T au début de chaque pas de temps de calcul de

éq 5.2-1 permet alors de supprimer partiellement ces instabilités.

Une illustration de ce phénomène d'instabilité est donnée ci-dessous Figure 5.2-3, sur un exemple de propagation en mode mixte où l'on impose une direction de propagation le long d'un front de fissure variant de ±60°. Le calcul de réactualisation des courbes de niveau n'est fait que dans un cylindre autour du front de fissure. L'image c est produite en ne prenant en compte que la correction [51].

On voit que cela est nettement insuffisant par rapport à la solution obtenue sur l'image b et que des instabilités se développent à partir du bord du domaine de calcul. Pour exclure toute influence en lien avec le maillage ou le schéma d'intégration temporelle, on s'est assuré d'obtenir des résultats identiques pour divers maillages et avec des schémas de Runge-Kutta allant jusqu'à l'ordre 4.

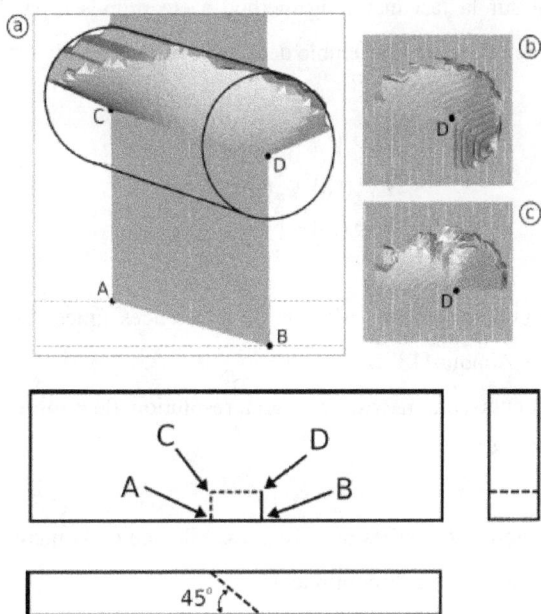

Figure 5.2-3 : propagation à ±60° le long d'une fissure plane inclinée par rapport à l'éprouvette SEB. Sur l'image a on voit l'iso zéro de la level set normale. Sur l'image b on représente les courbes de niveaux pour la level set normale telles qu'elles devraient être et sur l'image c, on donne le résultat avec la seule prise en compte de la correction [51].

Si des schémas d'intégration explicite sont utilisés pour résoudre ces équations, le nombre de pas de temps devient rapidement très important car il faut satisfaire des conditions de type CFL. Cela peut être évité en utilisant des schémas d'intégration implicites, mais au coût d'une complexité numérique accrue. Récemment une solution à une itération, partant de la connaissance de l'iso zéro d'une courbe de niveau, reposant sur la fast marching method a été proposée par Sukumar et al. [148] et permet de retrouver l'ensemble des iso-valeurs en résolvant :

$$
\begin{aligned}
\left\| \nabla \varphi_n(t) \right\| &= 1 \\
\nabla \varphi_t(t).\nabla \varphi_n(t) &= 0 \\
\left\| \nabla \varphi_t(t) \right\| &= 1
\end{aligned}
\qquad \text{éq 5.2-6}
$$

sur une grille régulière par une méthode de différences finies. Cette méthode est celle utilisée dans Abaqus [137].

Plusieurs ingrédients sont nécessaires à la résolution du problème d'instabilité observé Figure 5.2-3c.

- L'évolution des courbes de niveau est calculée de la manière suivante qui représente la forme discontinue de
- éq 5.2-1 :

$$
\begin{aligned}
\Delta \varphi_n &= -\left(\nabla \varphi_n(t).\mathbf{V}_\mathbf{N}^M \right) \Delta t_{tot} \\
\Delta \varphi_t &= -\left(\nabla \varphi_t(t).\mathbf{V}_\mathbf{T}^M \right) \Delta t_{tot}
\end{aligned}
\qquad \text{éq 5.2-7}
$$

Cette forme présente l'avantage par rapport à

éq 5.2-1 de ne pas devoir vérifier la condition CFL en cas d'utilisation d'algorithmes de résolution explicites de type Runge-Kutta. Celle-ci est d'autant plus contraignante à satisfaire que dans l'équation de propagation de la level set normale, la vitesse augmentant linéairement avec la distance au fond de fissure, le pas de temps critique diminue proportionnellement, ce qui décroît la performance de l'algorithme et empêche de traiter numériquement des angles de déviation de la fissure importants. La méthodologie proposée ici permet en revanche de pouvoir traiter une propagation à un tout de petit peu moins de 90° d'une fissure (car il faut définir des vitesses en aval du fond de fissure), impossible à modéliser en partant de
éq 5.2-1.

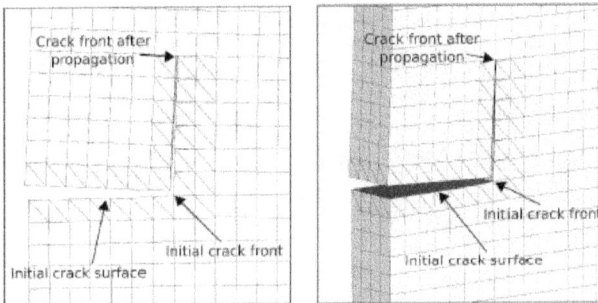

Figure 5.2-4 : propagation à quasi +90° d'une fissure initialement plane en 3D. Le même déplacement et le même angle de déviation ont été imposés pour tous les points du fond de fissure.

- Le calcul de la base locale doit être complètement revu par rapport à ce qui est fait dans [74] qui utilisent les interpolations des gradients de level set. Or, si les gradients des level set sont effectivement orthogonaux entre eux par construction dans un voisinage immédiat de la fissure, leurs interpolations ne le sont plus. Ce point était déjà soulevé par l'auteur de [51] qui construit une base locale en privilégiant la level set normale et son gradient par rapport à la level set tangente. Deux raisons justifient ce choix : la mise à jour précise de la level set normale est indispensable dans le cas d'un changement de direction dans la propagation de la fissure et la vitesse normale varie linéairement par rapport à la distance au fond de fissure lors de la phase d'extension. Une amélioration de ce qui est fait en [51] est alors apportée. La base locale en un point P intérieur à un élément, dont on a besoin car les nœuds M de la structure se projettent de façon quelconque sur le front de fissure, est déterminée par rapport à la base locale aux points I et J d'intersection du fond de fissure avec les facettes de l'élément pour lesquels la méthode décrite précédemment est adoptée. Pour ce faire on utilise la rotation qui va transformer la base locale en I en la base locale en J. Le théorème d'Euler nous assure que cette rotation est unique, définie par son axe de rotation et son angle de rotation θ_E :

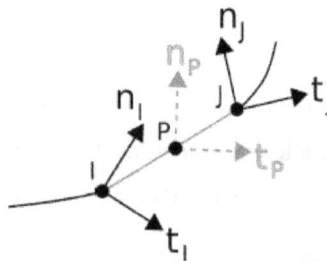

Figure 5.2-5 : utilisation des bases locales en I et J, points d'intersection du fond de fissure avec les éléments finis X-FEM pour déterminer la base locale en tout point P du fond de fissure à l'intérieur de l'élément en utilisant la rotation d'Euler qui permet de transformer la base locale en I en la base locale en J.

Pour passer de la base locale en I à la base locale en P, on utilise la position de P sur le segment IJ définie par $s = \left\| \overrightarrow{IP} \right\| / \left\| \overrightarrow{IJ} \right\|$ qui permet de définir un angle de rotation $\theta_P = s \ \theta_E$, l'axe de la rotation étant identique à celui qui permet de passer de la base locale en I à la base locale en J. Par ailleurs, la vitesse de propagation du fond de fissure est connue de façon exacte aux points d'intersection de la fissure avec les facettes des éléments X-FEM. Pour connaître la vitesse en tout point P du fond de fissure, on utilise de nouveau la position de P sur le segment IJ qui nous permet d'écrire :

$$\left\| \mathbf{V}^P \right\| = \left(\left\| \mathbf{V}^J \right\| - \left\| \mathbf{V}^I \right\| \right) s + \left\| \mathbf{V}^I \right\|$$ éq 5.2-8

La direction de propagation $\mathbf{V}^P$ est alors obtenue de manière similaire en utilisant une interpolation linéaire de l'angle entre les vecteurs $\mathbf{V}^I$ et $\mathbf{V}^J$. Si l'on note $(\mathbf{u}1,\mathbf{u}2)$ la base associée à $(\mathbf{V}^I, \mathbf{V}^J)$ telle que $\mathbf{u}1$ colinéaire à $\mathbf{V}^I$ de norme 1 et $\mathbf{u}2$ perpendiculaire à $\mathbf{V}^I \wedge \mathbf{V}^J$ de norme 1, tels que $\mathbf{u}1$, $\mathbf{u}2$, $\mathbf{V}^I \wedge \mathbf{V}^J$ forment un trièdre direct alors la vitesse $\mathbf{V}^P$ s'exprime de la manière suivante:

$$\mathbf{V}^P = \left\| \mathbf{V}^P \right\| \mathbf{u}^P = \left\| \mathbf{V}^P \right\| \left[\cos(\alpha s) \mathbf{u}_1 + \sin(\alpha s) \mathbf{u}_2 \right]$$ éq 5.2-9

où α est l'angle entre ($\mathbf{V}^I, \mathbf{V}^J$) dans le plan ($\mathbf{u}1, \mathbf{u}2$) orienté par $\mathbf{V}^I \wedge \mathbf{V}^J$.

La connaissance de $\mathbf{V}^P$ et de la base locale ($\mathbf{t}^p, \mathbf{n}^p$) permet grâce aux éq 5.2-5 de pouvoir résoudre complètement éq 5.2-7.

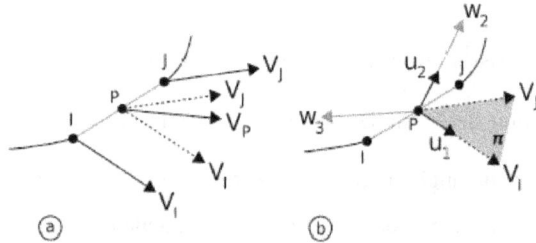

Figure 5.2-6 : la vitesse de propagation est connue seulement aux points I et J. La vitesse au point P est calculée à partir de la vitesse en ces points, par combinaison linéaire.

5.2.2 Phases de réinitialisation et de réorthogonalisation des courbes de niveau

Après la phase de réactualisation des courbes de niveau la notion de distance au fond de fissure n'est pas forcément conservée, ainsi que la propriété d'orthogonalité entre les deux familles. On doit donc procéder aux différentes phases correctives suivantes [74] :

- La level set normale est réinitialisée afin d'en refaire une fonction distance ($\|\nabla \varphi_n\| = 1$) :

$$\frac{\partial \varphi_n}{\partial \tau} = -sign(\varphi_n)\left(\|\nabla \varphi_n\| - 1\right) \qquad \text{éq 5.2-10}$$

- La level set tangente est réorthogonalisée par rapport à la level set normale ($\nabla \varphi_n . \nabla \varphi_t = 0$) :

$$\frac{\partial \varphi_t}{\partial \tau} = -sign(\varphi_n) \frac{\nabla \varphi_n}{\|\nabla \varphi_n\|} . \nabla \varphi_t \qquad \text{éq 5.2-11}$$

- La level set tangente est réinitialisée afin d'en refaire une fonction distance ($\|\nabla \varphi_t\| = 1$) :

$$\frac{\partial \varphi_t}{\partial \tau} = -sign(\varphi_t)\left(\|\nabla \varphi_t\| - 1\right) \qquad \text{éq 5.2-12}$$

Les équations éq 5.2-10 à éq 5.2-12 sont résolues jusqu'à l'atteinte de leurs points fixes, τ étant un temps virtuel, contrairement à

éq 5.2-1. On peut remarquer aussi qu'elles ont toutes la même forme qui s'écrit in fine :

$$\frac{\partial \varphi}{\partial \tau} + \mathbf{u} . \nabla \varphi = c \qquad \text{éq 5.2-13}$$

Une fois que les iso zéro des courbes de niveaux normales et tangentes sont construites avec la connaissance de la vitesse sur le fond de fissure, l'ordre dans lequel les trois phases décrites ci-dessus sont exécutées est important. En effet, pour des fissures courbes, il n'est pas possible de construire des courbes de niveau vérifiant simultanément les éq 5.2-10 à éq 5.2-12, partout (mais les équations éq 5.2-10 à éq 5.2-12 seront satisfaites en fond de fissure). Afin d'obtenir aisément la distance au fond de fissure, on finit donc pour chaque famille de courbes de niveau par sa réinitialisation. Une illustration de cet antagonisme est donnée Figure 5.2-7.

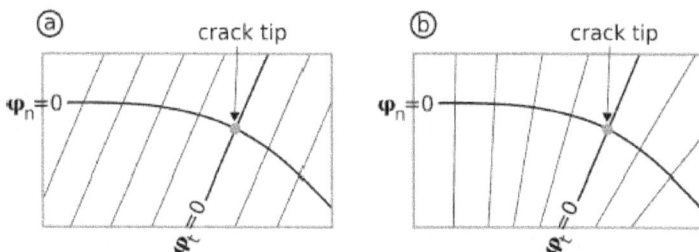

Figure 5.2-7 : antagonisme entre les phases de réinitialisation et de réorthogonalisation. En (a) les courbes de niveaux tangentes après réinitialisation sont parallèles à l'iso zéro tangente. En (b) les courbes de niveau tangentes sont rendues orthogonales à l'iso-zéro normale.

Afin d'intégrer efficacement les équations du type éq 5.2-13, la méthode simplexe de Bart et Sethian [11] a été adoptée dans [74] et [67]. L'avantage de cette méthode dont on peut trouver une description détaillée dans [67] est de pouvoir s'appliquer directement à des maillages triangulaires en 2D et tétraédriques en 3D. En outre les maillages de structures industrielles qui sont souvent non structurés peuvent facilement être décomposés en triangles ou tétraèdres.

Malgré cet avantage sur la base de l'expérience de l'auteur cette méthode n'est pas forcément la plus stable. Des méthodes de type différence finie décentrée se révèlent tout à fait intéressantes : utilisées initialement en 2D [127], dans le cadre de la propagation dynamique de fissures, elles ont été étendues récemment en 3D [148] sur des exemples simples en association avec la « fast marching method ».

L'algorithme différence finie que l'on utilise est un algorithme décentré (ce qui fait que suivant le sens de la vitesse de propagation, l'algorithme peut être soit amont soit arrière) du premier ordre s'appliquant sur une grille régulière de points, indépendante du maillage. Les calculs des courbes de niveaux sont faits sur cette grille et les valeurs calculées sont projetées sur le maillage de la structure afin de positionner la fissure dans le maillage de la structure et de faire les calculs de facteur d'intensité des contraintes.

Deux difficultés doivent être résolues pour ce type d'algorithme illustrées par la Figure 5.2-3 et la Figure 5.2-8 :

- la prise en compte des effets de bord aux frontières du domaine qui introduisent des réflexions parasites et favorisent l'instabilité (Figure 5.2-3),
- la performance si l'on ne localise pas le domaine de calcul (Figure 5.2-8).

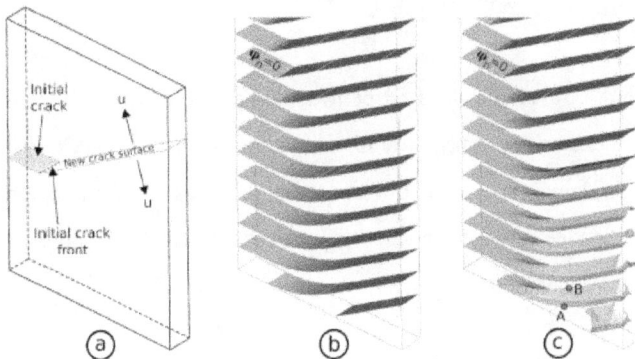

Figure 5.2-8 : a) exemple de bifurcation à 60° pour une fissure 3D plane b) obtention des courbes de niveau normales après 300 itérations de l'algorithme de différence finie décentrée c) obtention des courbes de niveau normale après 60 itérations : résultats corrects près du front de fissure, mais incorrects dans une zone éloignée.

L'algorithme de différence décentrée ne sera pas décrit ici en détail, mais tout lecteur intéressé peut se référer à [127] ou [67] pour une description détaillée. La méthode est explicite et conditionnellement stable pour les phases éq 5.2-10 à éq 5.2-12. Sachant que ces équations se réduisent à la forme éq 5.2-13, le pas de temps critique en deçà duquel on doit se trouver est donné par $\Delta\tau_{CFL} = \min(h/\|\mathbf{u}\|) = \min(h)$ où h est la plus petite distance entre les points de la grille. Afin de valider si la solution point fixe a été atteinte, un critère local sur le résidu est adopté ayant la forme suivante :

$$R = \sqrt{\frac{\displaystyle\sum_{\mathbf{x}_k \in \Omega_{loc}} \left(\varphi^{n+1}(\mathbf{x}_k) - \varphi^n(\mathbf{x}_k)\right)^2}{\displaystyle\sum_{\mathbf{x}_k \in \Omega_{loc}} \left(\varphi^n(\mathbf{x}_k)\right)^2}} \qquad \text{éq 5.2-14}$$

Ce critère doit être vérifié dans un petit domaine autour du fond de fissure où la connaissance exacte des courbes de niveau est indispensable. Si Ω_{loc} est étendue à l'ensemble du domaine Ω de la structure le temps nécessaire à l'intégration pour la précision demandée explose. La valeur de R dans les calculs que nous avons menés est fixée à 10^{-7} dans Code_Aster.

L'équation éq 5.2-13 est une équation de transport, qui propage l'information dans la direction de **u** depuis la surface iso-zéro jusqu'au restant du domaine. Seule l'information amont est utilisée pour trouver la solution en aval. Pour les phases de réinitialisation et de réorthogonalisation, on peut donc identifier facilement les points au bord du domaine pour lesquels on ne peut pas utiliser le schéma d'intégration tel quel. Une illustration en 2D est donnée sur la Figure 5.2-9. Pour les points en noir les points en dessous et à gauche sont manquants alors que pour les points en gris il faudrait avoir l'information sur les points situés à droite et au-dessus.

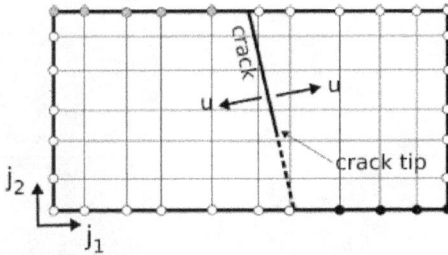

Figure 5.2-9 : difficultés de mise en œuvre pour un algorithme de différence finie décentrée par rapport à la direction de propagation de l'information. Les points en blanc peuvent être calculés alors que les points en gris et noir ne sont pas calculables car l'information en amont dans la direction de **u** est manquante.

Afin de résoudre ce problème, la technique des points fantôme est utilisée en dynamique des fluides [132], basée sur une extrapolation de l'information à partir des points du voisinage, de champs physiques tels la pression ou la vitesse. Dans notre cas, le processus d'extrapolation devant être fait sur une quantité moins physique, son contrôle est plus difficile voire impossible. On évite donc d'utiliser cette méthode et on propose d'introduire directement l'information manquante aux points identifiés Figure 5.2-9, par calcul direct de la distance aux iso zéro des courbes de niveau dans le cas des phases de réinitialisation et en prenant la valeur de la courbe de niveau tangente, par projection orthogonale sur l'iso zéro de la courbe de niveau normale, pour la phase de réorthogonalisation des courbes de niveau tangentes par rapport aux courbes de niveau normales. Cette phase nécessite de pouvoir localiser exactement les iso zéro des courbes de niveau.

Pour ce faire, les surface iso zéro sont découpées en triangles à partir des éléments de grille pour lesquels les courbes de niveau changent de signe et les points de la grille aux frontières sont projetés sur cette approximation linéaire par morceau des iso-zéro.

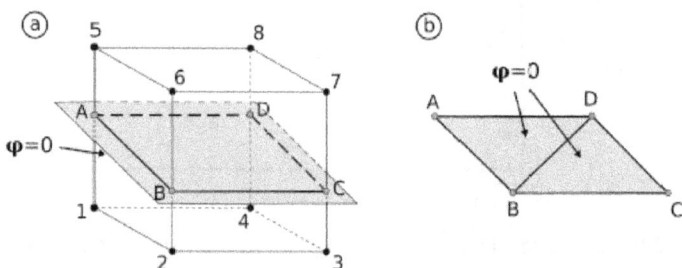

Figure 5.2-10 : découpe en triangles des iso zéro des courbes de niveau à partir des éléments de la grille coupés par la level set qui sont ceux pour lesquels les signes de la level set changent. Une interpolation linéaire par morceau des iso zéro est ainsi obtenue.

Cette projection est une projection orthogonale, sauf pour les points de la grille qui n'ont aucune projection sur les triangles de discrétisation. Dans ce cas, les points sont rabattus sur les éléments les plus proches, une illustration étant donnée Figure 5.2-11 et décrite plus en détails dans [184].

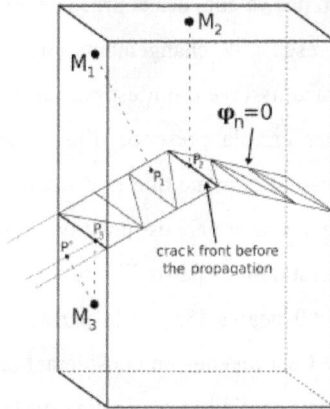

Figure 5.2-11 : propagation de fissure bifurquée. Les points M1, M2 et M3 aux frontières sont des points problématiques pour le schéma différence finie décentrée pour lesquels il faut imposer les conditions aux limites via un mécanisme de projection. Si une projection directe sur un élément de l'iso zéro de la courbe de niveau normale n'est pas trouvée une technique de rabattement est trouvée sur le plus proche voisin (ici pour les points M2 et M3).

Il faut cependant faire attention au fait que si l'on peut calculer les distances à la level set normale en utilisant la distance du point P1 au point M1 et du point P2 au point M2 car P1 et P2 sont internes à la structure il n'en va pas de même pour le point M3 qui se projette sur la level set à l'extérieur de la structure. Dans ce cas la distance à la level set normale est bien obtenue à partir de la distance entre le point P*, obtenu avant rabattement sur le point P3, et le point M3. Une correction équivalente sur la level set tangente peut être mise en place pour la phase de réorthogonalisation en utilisant la valeur au point P3 et son gradient qui sont connues par interpolation ainsi que la distance entre P3 et P*.

Cette méthode d'initialisation des valeurs des courbes de niveau est pertinente dans la plupart des cas, sauf en présence de changements importants de la direction de propagation et pour une surface fissurée qui n'est pas normale à la surface libre de la structure. Dans ce dernier cas, la présence d'une quasi discontinuité de la normale à la surface de la fissure entraîne que la distance d'un point à la surface n'est pas uniquement définie si son projeté est positionné sur la discontinuité. Une illustration de cette situation est donnée par la Figure 5.4-4. Au point D, l'angle de propagation est presque de 60 degrés [35] et la surface de la fissure n'est pas normale à la surface libre de l'éprouvette. En considérant alors que la déformation anormale de la level set normale est limitée aux points sur la surface du domaine de calcul qui sont proches des points C et D et que la définition de la distance à l'iso-zéro pour ces points est arbitraire du fait de la présence d'un fort angle de bifurcation de la fissure, on décide, dans ce cas d'évaluer la valeur de la level set normale comme moyenne des valeurs calculées en utilisant les points projetés avant et après correction. Le résultat obtenu est alors satisfaisant comme montré dans [67] et illustré au §5.4.3.

5.2.3 Réduction du domaine de calcul

Si les phases de réactualisation, réinitialisation et réorthogonalisation des courbes de niveaux sont effectuées sur l'ensemble du domaine, les performances numériques diminuent fortement. L'illustration donnée par la Figure 5.2-8 montre que pour obtenir une qualité de solution suffisante sur l'ensemble de la grille 300 itérations sont nécessaires alors que dans un voisinage immédiat de la pointe de fissure, 60 itérations seraient peut-être suffisantes. En outre, même si la condition nécessaire de convergence éq 5.2-14 n'est imposée que sur un domaine localisé Ω_{loc} les perturbations générées au loin par une solution qui reste calculée partout, comme montré sur la Figure 5.2-8c, finissent par rendre la solution instable. Mieux vaut donc réduire la taille du domaine de calcul des courbes de niveau après propagation de la fissure afin de limiter le nombre d'itérations croissant avec la taille du domaine d'intégration d'autant plus que seule l'information proche du front de fissure est d'intérêt pour propager cette dernière. On définit donc un domaine Ω_{proj} sur lequel les calculs vont être réalisés. Une approche similaire est décrite dans [137] avec une largeur de domaine dépendant de la taille de la grille, du pas de temps et de la vitesse de propagation de la fissure. Dans notre cas, la taille du domaine choisi dépend de la longueur d'avancée de la fissure donnée par l'utilisateur et de la largeur de la taille du domaine d'intégration pour le calcul des facteurs d'intensité des contraintes et de G.

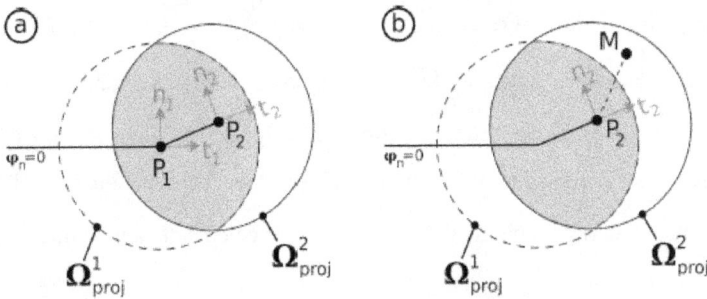

Figure 5.2-12 : évolution des domaines de calcul des courbes de niveau en fonction de la propagation de la fissure. Quand on veut refaire une propagation en P2, seules les courbes de niveau de P1 dans la région grisée sont exploitables. Les autres valeurs doivent être recalculées.

Comme le domaine de calcul est désormais variable avec la propagation, des informations peuvent manquer lorsque l'on passe d'un domaine de calcul Ω^1_{proj} à l'autre. On propose pour tous les points du nouveau domaine Ω^2_{proj} qui ne sont pas dans l'ancien domaine d'initialiser les valeurs des courbes de niveau à :

$$\varphi_n(M) = \overrightarrow{MP_2}.\mathbf{n}_2$$
$$\varphi_t(M) = \overrightarrow{MP_2}.\mathbf{t}_2$$

éq 5.2-15

Même si de petites erreurs sont commises lors de cette phase, elles seront corrigées par les éq 5.2-10 à éq 5.2-12. La base locale en P2 déjà utilisée lors de la phase de mise à jour est ici réutilisée. Le système d'équations éq 5.2-15 n'est valide que si les points M pour lesquels on effectue l'initialisation sont situés en avant du front de propagation de la fissure ce qui implique $R_2 \leq \sqrt{\Delta a^2 + R_1^2}$ où R1 et R2 sont les rayons des domaines Ω^1_{proj} et Ω^2_{proj} et où Δa représente l'avancée du front de fissure. Dans la pratique cette condition est toujours satisfaite si l'on prend un rayon R constant pour les différents domaines Ω_{proj}, vérifiant en outre $R > R_{calc\_G}$ correspondant au rayon maximal des couronnes de calculs de la méthode G-thêta.

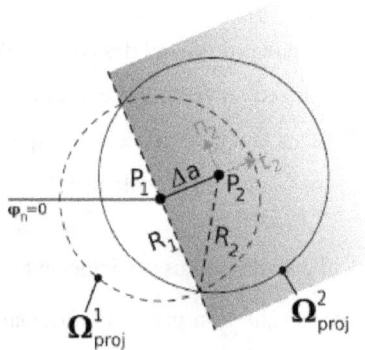

Figure 5.2-13 : en gris représentation de la zone de validité du système d'équations éq 5.2-15. Cette condition limite la taille du domaine Ω^2_{proj}. Le plus grand sous domaine Ω^2_{proj} qui peut être utilisé est ici donné pour un choix de domaine Ω^1_{proj} et une avancée de fissure Δa.

5.3 Méthodes géométriques

Ces méthodes trouvent leur inspiration dans les travaux de [155] ou [147] en 2D, bien que la notion de maillage de fissure ne soit pas clairement identifiée. Elles utilisent la progression de fissure pour recalculer géométriquement les courbes de niveau sans faire appel aux équations du paragraphe 5.2. Dans [155] une seule courbe de niveau est utilisée qui caractérise la distance à la surface fissurée derrière le front de fissure. En amont de la fissure, la valeur n'est pas calculée. Au fur et à mesure que la fissure avance, le domaine où la courbe de niveau est définie s'étend. En outre la zone où la courbe de niveau doit être recalculée est très réduite ce qui rend la méthode très intéressante. Dans [147] les deux courbes de niveau sont réactualisées géométriquement en prenant en compte le changement de direction de propagation et la distance de propagation. L'extension de ces méthodes au 3D, telles que proposées, ne semble pas évidente du tout (voire impossible).

La méthode très simple proposée dans [64] en 2D et étendue au 3D dans [58,72,13] repose sur une définition de la fissure, non plus de manière purement analytique via la donnée de courbes de niveaux, mais par un maillage constitué de ses lèvres et de son fond [58]. La propagation est réalisée, non plus numériquement, via la modification des courbes de niveau par les équations présentées précédemment mais directement par modification du maillage associé à la fissure en fonction des données issues du calcul de mécanique de la rupture sur le maillage de la structure.

La génération du nouveau maillage se fait via un script python. La nouvelle fissure est alors re-projetée sur le maillage de la structure où un nouveau calcul mécanique peut être réalisé. Il est à noter que pour ce nouveau maillage un calcul de courbes de niveau est nécessaire afin de pouvoir caractériser les éléments finis X-FEM coupés par le front de fissure. Le calcul est réalisé par projection des nœuds de la structure sur le maillage de la fissure, avec des techniques similaires à celles décrites précédemment au §5.2.2. La méthode est pour le moment validée dans un cadre de propagation plane.

Enfin, plus récemment, Daniele Colombo [37] propose une version purement géométrique de la réactualisation des level sets en combinant l'utilisation de l'éq 5.2-7 pour les iso-zéros des deux courbes de niveau tangente et normale et celle de l'éq 5.2-15 pour l'évaluation des courbes de niveau dans un domaine de calcul $R_2 \leq \Delta a \cos \beta$. Dans cette méthode le transport géométrique des deux iso-zéros permet de déterminer le restant des valeurs dans le domaine de calcul délimité par le rayon R_2 autour du nouveau front de fissure. La méthode gagne en robustesse et en temps de calcul car on évite toutes les phases de réinitialisation et réorthogonalisation du §5.2.2. Sur les exemples montrés ci-dessous, on gagne 97% de temps calcul sur l'exemple du §5.4.1 (gain en temps de calcul de 30), 70 à 85% de temps calcul sur les exemples des §5.4.2 et §5.4.3 (gain en temps de calcul de 3 à 6). On peut supposer que cette méthode, plus facile à maintenir, plus robuste et plus efficace sera à terme celle qui sera retenue pour réaliser la propagation de nos courbes de niveau avec Code_Aster.

5.4 Quelques résultats de propagation de fissures

5.4.1 Propagation de fissure 2D dans une plaque à trous

Ce test 2D valide une propagation en mode mixte dans une plaque pré-fissurée en flexion en présence de 3 trous. Les résultats expérimentaux sont donnés dans [26] où deux configurations géométriques ont été testées avec des longueurs de fissures initiales différentes ainsi que des positions par rapport aux trous distinctes. La comparaison qualitative entre les résultats obtenus en utilisant différentes méthodes de propagation disponibles dans Code_Aster et les résultats de [26] montre des solutions très proches.

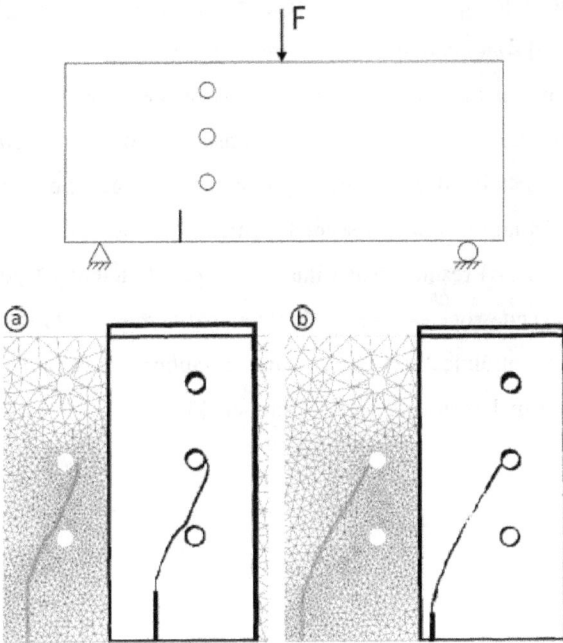

Figure 5.4-1 : plaque pré-fissurée avec trous en flexion pour simuler une propagation en mode mixte. Une comparaison qualitative des résultats obtenus entre Code_Aster et [26] est donnée pour les deux configurations géométriques testées dans [26].

5.4.2 Propagation 3D plane pour une fissure en coin

Dans ce test, une propagation plane en mode I est évaluée pour une fissure dans le coin d'une pièce en L. On compare nos résultats par rapport à ceux de [136]. La distance maximale de propagation lors d'un pas de temps est prise identique pour chaque simulation. Une coupe est réalisée dans le plan de propagation à différents instants. De manière qualitative, les résultats donnés par Code_Aster et ceux obtenus par [136] sont similaires, sauf entre les pas de temps 5 et 10, où le front de fissure tourne brutalement une fois la pièce traversée. Proche du bord opposé à celui où la fissure a été introduite, on observe alors une concentration de contraintes qui conduit à des vitesses de propagation élevées. Le phénomène est ici bien représenté et notre front de fissure se redresse plus tôt que celui de [136] (pas de temps 15 pour nos résultats sur l'image a et pas de temps 21 pour [136]). On notera aussi que cette zone est celle où le calcul par la méthode G-thêta des facteurs d'intensité des contraintes est le plus sujet à caution, la fissure ne débouchant vraiment plus normalement à la surface libre, cf. §3.1.4

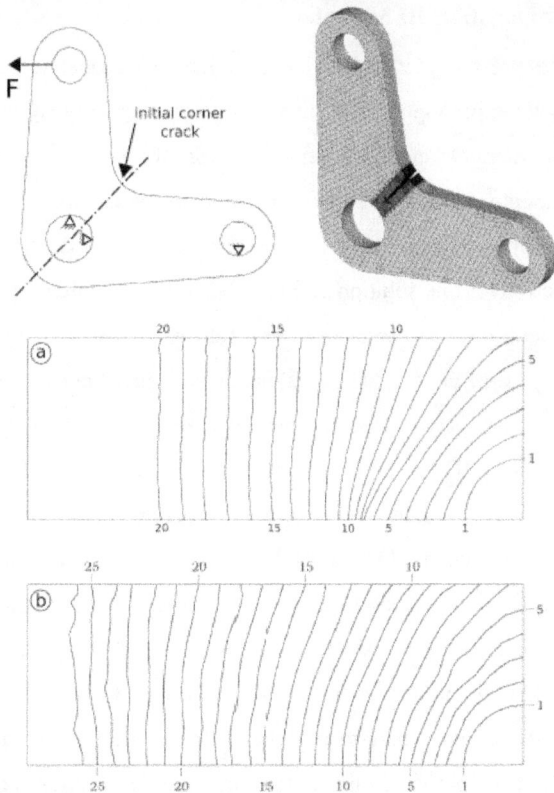

Figure 5.4-2 : introduction d'une fissure en quart de cercle dans un coin du plan de symétrie d'une pièce en L soumise à flexion. Le maillage est raffiné dans la zone de présence de la fissure afin de pouvoir estimer correctement les facteurs d'intensité des contraintes. Les images a et b montrent une comparaison des résultats d'avancée du front de fissure pour différents instants obtenus avec Code_Aster en a) et par [136] en b).

5.4.3 Propagation 3D hors-plan

Une éprouvette pré-fissurée en flexion 3 points est modélisée. La fissure est initialement inclinée par rapport à la direction de chargement (Figure 5.2-3), ce qui fait qu'un déversement angulaire important est observé [35], qui permet une validation pertinente des choix numériques que nous avons mis en place. La fissure voit un chargement en mode mixte I, II et III avec un front de propagation qui se déverse pour retrouver une solution en mode I. La direction de propagation utilisée dans [35] est celle donnée par la densité locale minimale d'énergie [140]. Cette direction n'est pas influencée par la valeur du facteur d'intensité des contraintes suivant le mode III, et ne dépend donc plus que des modes I et II. En fait l'activation du mode III correspond à une rotation du fond de fissure suivant le vecteur normal à ce fond qui ne peut être représenté avec un fond de fissure régulier. Expérimentalement, Figure 5.4-3, on observe d'ailleurs une facétisation du front de fissure avec l'apparition de motifs en toits d'usine caractéristiques d'un déversement de la fissure en mode I+III. Néanmoins, l'évolution générale du front de fissure semble régie par les modes I+II. Cette observation est confirmée par [94] avec une comparaison entre un critère global de maximisation du taux de restitution d'énergie sur l'ensemble du front de fissure faisant intervenir KIII et KI et un critère local de contrainte normale maximale [54] ne faisant intervenir que KII et KI.

Cette évolution a été modélisée dans [35] : seule une évolution qualitative de la solution pourra être donnée, les informations sur la loi de propagation utilisée dans [35] n'étant pas données. Dans ce cas là, afin de mailler suffisamment fin autour du front de fissure, la procédure de remaillage automatique de Code_Aster faisant appel au logiciel Homard[1] est appelée. Ce raffinement ne concerne pas la grille de

---

[1] Le logiciel Homard est un logiciel libre qui fait partie de l'ensemble des moyens logiciels mis à disposition avec Code_Aster. Pour plus d'informations sur cet outil, voir http://www.code-aster.org/outils/homard

calcul des courbes de niveau car cela n'apporterait aucune amélioration, du fait de l'interpolation nécessaire au passage d'une grille à l'autre.

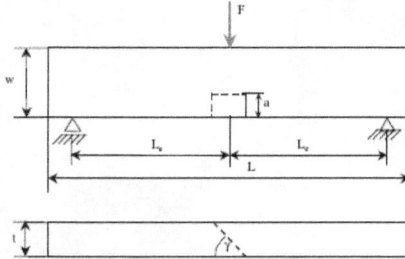

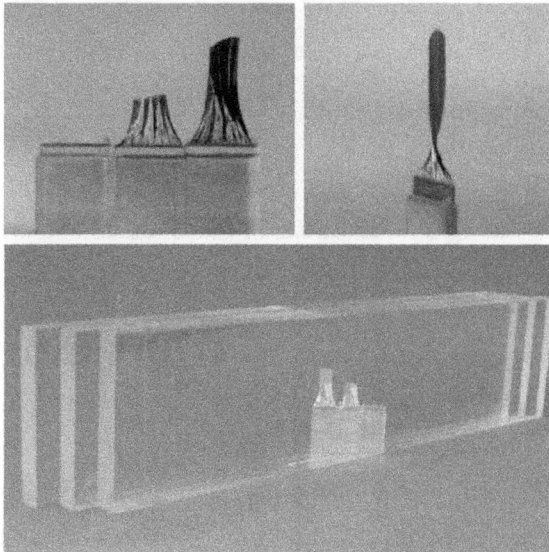

Figure 5.4-3 : évolution expérimentale d'une fissure tirée de [94] pour une éprouvette PMMA en flexion 3 points. A gauche on peut voir le développement de motifs en toits d'usine dans la phase initiale de la propagation, caractéristique d'une interaction en les modes I et III de propagation.

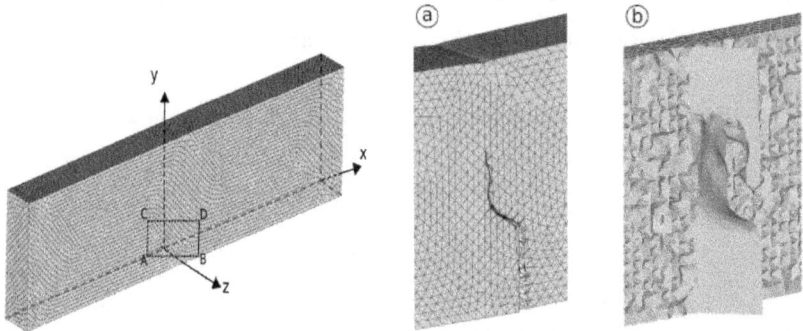

Figure 5.4-4 : trajet de propagation pour une fissure inclinée à γ=45° par rapport à l'axe (Figure 5.2-3) d'une éprouvette en flexion trois points. Sur l'image a), on voit l'éprouvette déformée avec un facteur d'amplification de 5 sur le déplacement. Sur l'image b) on voit l'iso zéro de la courbe de niveau normale superposée au plan de la fissure initial, ce qui permet de bien visualiser la rotation de cette dernière pour retrouver un mode I de sollicitation.

L'avancée des fronts de fissure pour chaque pas de calcul est donnée Figure 5.4-5 à la fois pour Code_Aster avec un critère en contrainte normale maximale dans le plan normal au fond de fissure et pour [35] avec le critère en densité locale minimale d'énergie. Des tendances similaires sont observées avec des fronts de fissure un peu plus courbés dans notre cas (figure supérieure de gauche à comparer à la figure inférieure de gauche), ce qui pourrait être causé par des paramètres matériau en fatigue un peu différents mais non reportés dans [35].

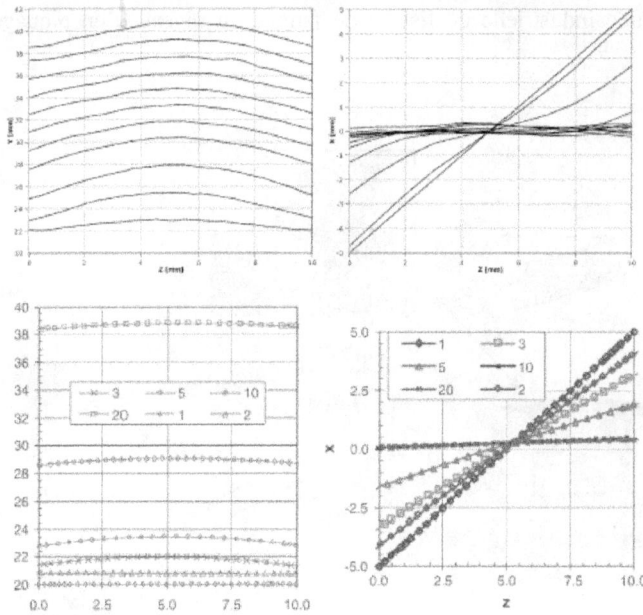

Figure 5.4-5 : fronts de fissure obtenus pour chaque pas de propagation (coupes verticales à gauche Y-Z et coupes horizontales à droite X-Z). Les résultats obtenus avec Code_Aster sont donnés en partie supérieure et ceux obtenus par [35] sont donnés en partie inférieure. Sur la coupe horizontale de droite la fissure initialement à 45° reprend une orientation à 90° compatible avec une sollicitation en mode I.

5.4.4 Etude des différentes méthodes de propagation sur un exemple industriel

Des études industrielles de propagation peuvent être trouvées dans [58,59,115]. On choisit ici de présenter une comparaison des différentes méthodes de propagation sur une étude industrielle de fissure de fatigue au niveau d'un piquage de tube [115] :

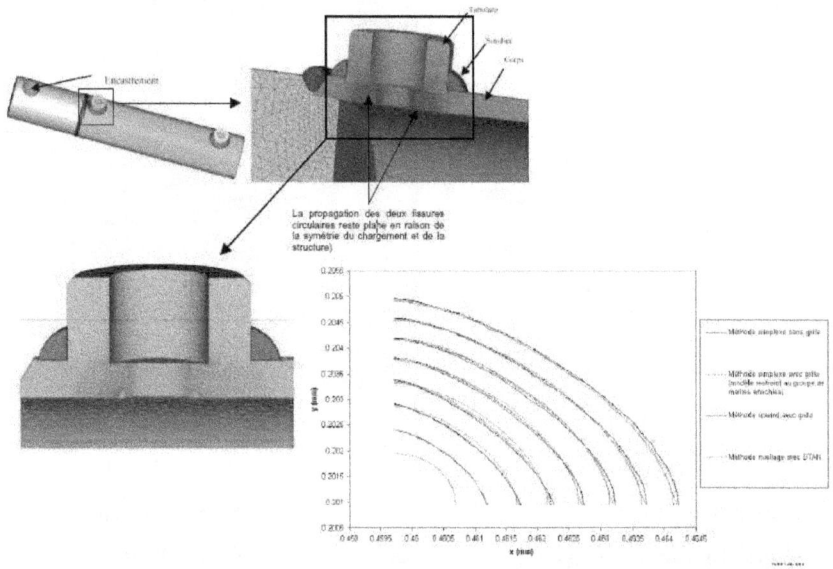

Méthode	Temps CPU total (s)	Temps PROPA_FISS (s)	Δ PROPA_FISS/Total
Simplexe	17671.85	11580.02	66 %
Simplexe+grille	8390.88	2498.15	30 %
Upwind	6503.72	657.31	10 %
Maillage	6378.05	121.03	1.9 %

Figure 5.4-6 : profils de fissuration obtenus pour chaque pas de propagation correspondant à la même avancée maximale de la fissure, avec les différentes méthodes de propagation discutées au chapitre 5. Ces résultats sont à mettre en rapport avec les temps de calculs donnés ci-dessus. Les résultats sont issus de [115].

La méthode maillage qui est la plus facile à mettre en œuvre est aussi la plus efficace au niveau temps CPU. Il reste donc à la fiabiliser pour des cas de propagation plus complexes.

5.5 Bilan et perspectives de recherche

Désormais il est possible de réaliser des propagations mettant en œuvre des angles de déversement importants via la méthode X-FEM, qui permet de s'affranchir des vicissitudes de remaillage avec inclusion de défaut, mais pas forcément du remaillage en soi. En effet il est clair qu'il est nécessaire d'avoir un maillage suffisamment fin en fond de fissure pour obtenir des facteurs d'intensité des contraintes corrects. Le risque dans le cas contraire est d'obtenir un profil de fissuration, mais pas le bon.

Si l'on compare maintenant les 3 méthodes présentes actuellement dans Code_Aster on peut faire le bilan suivant [115] :

- la méthode d'adaptation géométrique du maillage de la fissure est de conception simple, robuste, fiable et performante. Elle doit être améliorée pour restreindre la zone de calcul des courbes de niveau ainsi qu'on le fait en différences finies de façon à éviter certaines situations pathologiques lorsque la fissure se retourne. En outre, le maillage de la fissure doit prendre en compte les intersections avec les mailles de bord ;

- la méthode simplexe est adaptable à tout type de maillage et de sollicitation en adoptant des techniques de redécoupage des éléments. Là aussi il faut procéder à un zonage pour le calcul des courbes de niveau pour éviter des coûts de calculs prohibitifs. En 3D la méthode est pour le moment assez peu robuste, avec des éléments hexaédriques. C'est un point que nous regarderons prochainement.

- la méthode des différences finies avec grille auxiliaire est fiable et robuste. Cette méthode est la seule validée actuellement pour des propagations hors plan et des bifurcations brutales.

Si la faisabilité est démontrée il reste à valider par rapport à des résultats expérimentaux avec prise en compte de lois de fatigue en fond de fissure un peu plus physiques. [137] va déjà un peu dans ce sens, avec des lois de fatigue prenant en compte des effets de seuil, ainsi que le rapport de charge. La thèse de Jean-Baptiste Esnault devrait permettre de valider une propagation en déversement avec des lois de fatigue un peu plus évoluées ainsi que la prise en compte de la plasticité [53][137]. Elle sera aussi l'occasion d'évaluer les trois méthodes décrites ci-dessus et de pouvoir voir quelles sont les plus ergonomiques, les plus fiables et les plus robustes à l'utilisation.

6 MODELISATION DES INTERFACES

Le dernier ingrédient manquant par rapport aux thématiques développées dans le premier chapitre est désormais le traitement des interfaces, et la prise en compte de la re-fermeture des lèvres de fissure. Les premières études réalisées avec Code_Aster prenant en compte ces conditions reposaient sur un traitement discret des interfaces de contact, où les efforts de contact étaient représentés par des forces nodales s'opposant à l'interpénétration des solides [109,110]. Dans la littérature ces approches sont qualifiées d'approches nœuds facettes ou nœud segments [80]. Même si ces approches sont encore largement utilisées dans des cadres bien particuliers où elles donnent de bons résultats, les dix dernières années ont vu le développement de nouvelles méthodologies, proches du cadre mortier. Dans ces méthodes, les efforts de contact ne sont plus représentés par des forces nodales de prime abord, mais par des pressions continues, puis discrétisées au sein de la formulation élément fini [21,22,128,129,130].

Nous tentons donc de proposer dans le chapitre qui suit un cadre général pour le traitement des problèmes d'interface, notamment le contact-frottement, à partir d'une approche continue [20]. Nous verrons que ce cadre peut aussi s'étendre aisément aux problèmes d'usure [19] ainsi qu'au traitement des lois cohésives [67]. Les non linéarités de contact-frottement dues à la géométrie, au statut des points de contact et au seuil de frottement ont d'abord été découplées afin d'assurer le maximum de robustesse au détriment du temps calcul, puis elles sont désormais couplées (le seuil de frottement étant dans un premier temps supprimé [139]) afin de gagner sur ce dernier segment. L'approche est utilisée à la fois pour les problèmes de contact avec [19] ou sans usure [20,21,22], avec ou sans loi cohésive, avec ou sans dynamique, en FEM ou en X-FEM.

Les travaux présentés dans le cadre de cette dernière partie sont le fruit de deux collaborations essentiellement. L'ensemble des travaux sur le contact-frottement s'inscrit dans le cadre d'une collaboration d'une dizaine d'années avec le Professeur Hachmi Ben Dhia de l'Ecole Centrale Paris et à l'enchaînement de trois thèses successives (Malek Zarroug en statique [22], Chokri Zammali en dynamique [21] et Mohamed Torkhani pour l'usure [20]). L'activité sur la thématique contact-frottement se poursuit actuellement dans le cadre de la thèse de Ayaovi-Dzifa Kudawoo (dirigée au LMA par Frédéric Lebon avec un encadrement de Iulian Rosu pour le LMA et de Mickaël Abbas et Thomas de Soza pour EDF) sur la robustesse et l'accélération de la méthode par suppression des différentes boucles de points fixes. L'ensemble des travaux sur cette même thématique appliquée aux éléments X-FEM a trait à une collaboration EDF-IFP (Martin Guiton)-ECN (Professeur Nicolas Moës) depuis bientôt huit ans et à la mise en place de deux thèses (l'une EDF, celle de Samuel Géniaut [71] et l'autre, IFP, celle de Maximilien Siavelis [139]) et d'un post-doc, Ionel Nistor [120]. Le travail se poursuit actuellement avec l'engagement de la thèse de Guilhem Ferté en collaboration avec l'ECN sur les éléments cohésifs X-FEM.

6.1 Un cadre général pour le traitement des problèmes d'interfaces

Le traitement du contact reste toujours un défi pour grand nombre de codes numériques, soit en terme de qualité des résultats, soit en terme de capacité de calculs et donc de performances. Dans le contexte de la collaboration entre ECP et EDF R&D, une formulation générale mixte déplacement-pression du traitement du contact frottant a été implantée dans Code_Aster [20]. Elle dérive d'une formulation variationnelle des lois fortes de contact frottant, écrites sous forme d'équations locales, grâce à l'introduction de champs de signes (ou champs de niveaux) qualifiant les différents statuts (contactant/non contactant et glissant/adhérant) de chaque point des surfaces potentielles de contact [22,21].

Cette formulation repose sur la discrétisation des équations continues du problème de contact avec frottement, où les inconnues sont les champs de pression de contact et de déplacement. La discrétisation implique la création d'un élément fini de contact tardif [22], associé à l'utilisation d'une procédure de réactualisation géométrique et d'un algorithme d'appariement des points de contact [52]. Les problèmes discrets sont obtenus par usage de différentes méthodes d'approximation. Ainsi, des éléments finis compatibles sont utilisés pour l'approximation des champs de déplacement (ou de vitesse) et de densités d'efforts de contact. La méthode des différences finies est utilisée pour les discrétisations temporelles (vitesse) et une méthode de collocation, cohérente avec une méthode d'intégration numérique précise des termes énergétiques de contact, est retenue pour l'approximation des champs (irréguliers) de signes [22,21]. On note là une différence essentielle par rapport aux formulations mortier de la littérature [129] telles celles de [126] qui utilisent une moyenne nodale de ces champs irréguliers, alors que notre approche reste totalement locale, ce qui évite notamment les problèmes rencontrés par [130] pour les éléments quadratiques.

Les principales étapes de la résolution du problème de contact en grands glissements avec cette formulation peuvent être présentées comme 4 boucles imbriquées pour chaque pas de temps comme il suit :

- réactualisation de la géométrie des surfaces de contact et lancement de l'algorithme d'appariement ;

- boucle sur les seuils de frottement (méthode de point-fixe) ;
- boucle sur les statuts de contact (méthode des contraintes actives [52]) ;
- boucle de Newton généralisée.

En scindant les non linéarités de contact, cette approche vise la robustesse. Par ailleurs, elle génère des matrices tangentes symétriques, ce qui la rend différente d'autres approches de type lagrangien augmenté telles [2]. De part la souplesse de formulation, elle permet cependant d'aboutir à la discrétisation d'une famille de formulations lagrangiennes stabilisées du problème mécanique de contact frottant, englobant la formulation lagrangienne augmentée (pour certains choix de ses coefficients, comme montré dans [91,92]). Elle permet aussi de retrouver les formulations pénalisées, mais dérivées de l'approche continue, en utilisant une formulation explicite des champs de pression par rapport aux champs de déplacement via les coefficients de pénalisation [108].

Des travaux récents [19] ont par ailleurs permis de prendre en compte la notion d'usure associée au frottement glissant, en utilisant une nouvelle extension vectorielle locale de la loi phénoménologique scalaire globale d'usure d'Archard [6] au cas des grandes transformations, des grands glissements et des grandes usures. En statique, la formulation a pu être étendue aux éléments finis X-FEM, avec petits déplacements [71] ou grandes transformations [120,139], même si des différences essentielles apparaissent dans le choix d'approximation des espaces d'éléments finis pour le champ de pression de contact afin de satisfaire la condition LBB [16,144].

En dynamique, deux formulations de la loi de contact peuvent être proposées : l'une basée sur les *déplacements* (Signorini) et l'autre sur les *vitesses* (Moreau)

[21], plus adaptée que la précédente à la dynamique du contact (chocs entre solides déformables).

6.1.1 Problème de contact frottant et formulation variationnelle mixte associée

Nous nous plaçons dans le cadre des petites déformations, petites usures, et les solides en contact sont considérés, dans les applications présentées ici, comme élastiques linéaires. Une loi de coulomb est utilisée pour modéliser le frottement. Les déplacements **u** peuvent être grands, notamment au niveau de l'interface de contact. Une approche de type maître-esclave est utilisée pour le traitement des surfaces de contact. On tient compte du champ d'usure normal à la surface de contact w_n. Nous notons $\mathbf{x}_w^1$ et $\overline{\mathbf{x}}_w^1$ les positions courantes usées d'un point $\mathbf{p}^1$ de la surface de référence du solide esclave et de son vis-à-vis apparié $\overline{\mathbf{p}}^1$ de la surface de référence du solide maître, telles que :

$$\mathbf{x}_w^1 = \mathbf{x}^1(\mathbf{p}^1, t) - w_n^1(\mathbf{p}^1, t)\mathbf{n}(\mathbf{p}^1, t) \text{ et } \overline{\mathbf{x}}_w^1 = \overline{\mathbf{x}}^1(\overline{\mathbf{p}}^1, t) - w_n^2(\overline{\mathbf{p}}^1, t)\mathbf{n}(\overline{\mathbf{p}}^1, t)$$

où $\mathbf{n}(\mathbf{p}^1, t)$ et $\mathbf{n}(\overline{\mathbf{p}}^1, t)$ sont les normales sortantes aux solides aux points $\mathbf{p}^1$ et $\overline{\mathbf{p}}^1$.

On définit alors la distance $\mathbf{d}^w$ entre les points appariés $\mathbf{p}^1$ et $\overline{\mathbf{p}}^1$ sur les corps usés par :

$$\mathbf{d}^w = (\mathbf{x}_w^1 - \overline{\mathbf{x}}_w^1) = [\![\mathbf{x}\ ]\!] = [(\mathbf{x}_w^1 - \overline{\mathbf{x}}_w^1)\mathbf{n}]\mathbf{n} + \mathbf{d}_\tau,$$

avec $\mathbf{n} = -\mathbf{n}(\overline{\mathbf{p}}^1, t)$ normale unitaire au solide maître au point $\overline{\mathbf{p}}^1$ dirigée vers l'intérieur du solide maître.

La distance $\mathbf{d}^w$ se réduit à $\mathbf{d}^w = \left(\mathbf{x}_w^1 - \overline{\mathbf{x}}_w^1\right) = \left(d_n - \left(w_n^1 + w_n^2\right)\right)\!\mathbf{n}$ en cas de contact effectif, où l'on note $d_n^w = \left(d_n - \left(w_n^1 + w_n^2\right)\right) = d_n - w_n$ le jeu normal usé. Un modèle d'usure type Archard peut être utilisé ici, mais des modèles plus évolués en transformations finies sont présentés dans [19].

Dans le cadre élément fini qui nous intéresse, les équations du contact au niveau des surfaces potentielles de contact sont écrites sous forme variationnelle, en faisant intervenir un multiplicateur de Lagrange λ pour la pression de contact et un vecteur semi-multiplicateur de frottement Λ de norme comprise entre 0 et 1 (0 en non contactant, 1 en glissement, entre 0 et 1 en adhérence) et dont la direction est celle de la réaction tangentielle de frottement (la valeur de la pression tangentielle est donnée par le produit de la pression de contact par la norme du semi-multiplicateur). En quasi-statique, pour une étape k de chargement donnée, correspondant à l'instant fictif t_k, le problème à résoudre se ramène finalement à trouver les champs $\left(\mathbf{u}_k, \lambda_k, \Lambda_k, w_{nk}\right) \in \mathrm{CA} \times H_c \times \mathbf{H} \times H_w$ tels que $\forall\left(\mathbf{u}_k^*, \lambda_k^*, \Lambda_k^*, w_{nk}^*\right) \in \mathrm{CA} \times H_c \times \mathbf{H} \times H_w$:

$$\mathbf{G}_{\mathrm{int}}\left(\mathbf{u}_k, \mathbf{u}^*\right) + \mathbf{G}_{\mathrm{cont}}\left(\lambda_k, \mathbf{u}_k, w_{nk}, \mathbf{u}^*\right) + \mathbf{G}_{\mathrm{frot}}\left(\Lambda_k, \lambda_k, \mathbf{u}_k, w_{nk}, \mathbf{u}^*\right) = 0$$

$$\mathbf{G}_{\mathrm{cont}}^{\mathrm{faible}}\left(\lambda_k, \mathbf{u}_k, w_{nk}, \lambda^*\right) = 0 \qquad\qquad \text{éq 6.1-1}$$

$$\mathbf{G}_{\mathrm{frot}}^{\mathrm{faible}}\left(\Lambda_k, \lambda_k, \mathbf{u}_k, w_{nk}, \Lambda^*\right) = 0$$

où l'on reconnaît le système d'équations d'équilibre, prenant en compte les contributions de contact frottement et l'usure, et la forme faible des équations de contact et de frottement.

On donne ci-dessous les expressions de ces différents termes :

$$\mathbf{G}_{\text{cont}}\left(\lambda_k,\mathbf{u}_k,w_{nk},\mathbf{u}^*\right)=-\int_{\Gamma_c} S_{uk}^w.g_{nk}^w.[\![\mathbf{u}^*]\!]_n.d\Gamma_c$$

$$\mathbf{G}_{\text{frot}}\left(\mathbf{\Lambda}_k,\lambda_k,\mathbf{u}_k,w_{nk},\mathbf{u}^*\right)=-\int_{\Gamma_c} S_{uk}^w.\mu.\lambda_k.\left(S_{fk}.\mathbf{\Lambda}_k+(1-S_{fk}).\frac{\mathbf{\Lambda}_k+h_\tau.\mathbf{v}_{\pi k}}{\|\mathbf{\Lambda}_k+h_\tau.\mathbf{v}_{\pi k}\|}\right).[\![\mathbf{u}^*]\!]_\tau.d\Gamma_c$$

$$\mathbf{G}_{\text{cont}}^{\text{faible}}\left(\lambda_k,\mathbf{u}_k,w_{nk},\lambda^*\right)=-\frac{1}{h_n}\int_{\Gamma_c}\left(\lambda_k-S_{uk}^w.(\lambda_k-h_n.d_{nk}^w)\right)\lambda^*.d\Gamma_c$$

$$\mathbf{G}_{\text{frot}}^{\text{faible}}\left(\mathbf{\Lambda}_k,\lambda_k,\mathbf{u}_k,w_{nk},\mathbf{\Lambda}^*\right)=\frac{1}{h_\tau}.\int_{\Gamma_c}\mu.\lambda_k.S_{uk}^w.\mathbf{\Lambda}_k.\mathbf{\Lambda}^*.d\Gamma_c-\frac{1}{h_\tau}.\int_{\Gamma_c}\mu.\lambda_k.S_{uk}^w.S_{fk}.(\mathbf{\Lambda}_k+h_\tau.\mathbf{v}_{\pi k}).\mathbf{\Lambda}^*.d\Gamma_c$$

$$-\frac{1}{h_\tau}.\int_{\Gamma_c}\mu.\lambda_k.S_{uk}^w.(1-S_{fk}).\frac{\mathbf{\Lambda}_k+h_\tau.\mathbf{v}_{\pi k}}{\|\mathbf{\Lambda}_k+h_\tau.\mathbf{v}_{\pi k}\|}.\mathbf{\Lambda}^*.d\Gamma_c+\int_{\Gamma_c}(1-S_{uk}^w).\mathbf{\Lambda}_k.\mathbf{\Lambda}^*.d\Gamma_c$$

éq 6.1-2

où :

- h_n est un coefficient d'homogénéisation réel quelconque,

- h_τ est un coefficient d'homogénéisation réel positif non nul,

- $g_{nk}^w=\lambda_k-\rho_n.d_{nk}^w$ est le multiplicateur de contact augmenté avec $\rho_n>0$ paramètre réel d'homogénéisation,

- $\mathbf{v}_{\pi k}=\Delta[\![\mathbf{x}_k]\!]_\tau/\Delta t_k$ est la vitesse relative de glissement entre les solides maître et esclave, avec $\mathbf{x}_\tau=(1-\mathbf{n}\otimes\mathbf{n}).\mathbf{x}$ et $\Delta t_k=t_k-t_{k-1}$.

On introduit en outre les deux fonctions caractéristiques suivantes :

$$S_{uk}^w=\chi\left(g_{nk}^w\right)=\begin{cases} 1 & g_{nk}^w\leq 0 \text{ contact} \\ 0 & g_{nk}^w>0 \text{ pas de contact} \end{cases}$$

éq 6.1-3

et :

$$S_{fk} = \chi\left(\left\|\mathbf{\Lambda}_k + \rho_\tau.\mathbf{v}_{tk}\right\| - 1\right) = \begin{cases} 1 & \left\|\mathbf{\Lambda}_k + \rho_\tau.\mathbf{v}_{tk}\right\| \le 1 \; adh\acute{e}rent \\ 0 & \left\|\mathbf{\Lambda}_k + \rho_\tau.\mathbf{v}_{tk}\right\| > 1 \; glissant \end{cases} \qquad \text{éq 6.1-4}$$

avec $\rho_\tau > 0$ paramètre réel d'homogénéisation.

Le choix des paramètres d'homégénéisation $\rho_n > 0$ et $\rho_\tau > 0$, s'il n'influe pas sur la qualité de la solution est important pour la convergence de l'algorithme. Des critères de choix de ces paramètres, conduisant à des intervalles d'utilisation $0 < \rho_{n\_min} < \rho_n < \rho_{n\_max}$ et $0 < \rho_{\tau\_min} < \rho_\tau < \rho_{\tau\_max}$, sont donnés dans [91].

Cette formulation peut être modifiée pour prendre en compte une interface représentée par une couche d'aspérités d'épaisseur a. Les deux solides maître et esclave entrent alors en contact dès que le jeu devient inférieur à l'épaisseur des aspérités. Tant que le jeu n'est pas nul, l'écrasement de la couche d'aspérités est modélisé par un modèle de compliance. Le terme $\mathbf{G}_{cont}\left(\lambda_k, \mathbf{u}_k, w_{nk}, \mathbf{u}^*\right)$ est alors modifié de la manière suivante :

$$\mathbf{G}_{cont}\left(\lambda_k, \mathbf{u}_k, w_{nk}, \mathbf{u}^*\right) = -\int_{\Gamma_c} S_{uk}^w \cdot g_{nk}^w \cdot \llbracket \mathbf{u}^* \rrbracket_n \cdot d\Gamma_c + \int_{\Gamma_c} \left(S_{ak} \cdot \kappa_n \cdot (d_{nk} + a)^2\right) \llbracket \mathbf{u}^* \rrbracket_n \cdot d\Gamma_c + \int_{\Gamma_c} \left(S_{ak} \cdot c_n \cdot (d_{nk} + a)\right) \cdot \llbracket \mathbf{v} \rrbracket_{nk} \cdot \llbracket \mathbf{u}^* \rrbracket_n \cdot d\Gamma_c \qquad \text{éq 6.1-5}$$

avec $S_{ak} = \chi(d_{nk} + a)$. Les paramètres (κ_n, c_n), strictement positifs, peuvent dans certains cas être identifiés expérimentalement, le paramètre a étant lié à la hauteur moyenne des aspérités.

La formulation peut aussi être stabilisée par le rajout d'un terme de type pénalisation (dont le paramètre est déconnecté de celui d'augmentation) au niveau de $\mathbf{G}_{cont}\left(\lambda_k, \mathbf{u}_k, w_{nk}, \mathbf{u}^*\right)$ et $\mathbf{G}_{frot}\left(\mathbf{\Lambda}_k, \lambda_k, \mathbf{u}_k, w_{nk}, \mathbf{u}^*\right)$ apparaissant dans les équations d'équilibre. Elle donne alors lieu à une formulation lagrangienne stabilisée [21]; le terme de stabilisation n'introduisant aucune perturbation de la solution. Si on ne garde que les termes de stabilisation, on retrouve une formulation par pénalisation classique, qui n'intervient qu'au niveau de l'équation d'équilibre (les équations de contact et de frottement sont alors utilisées pour avoir en post-traitement les pressions normales et tangentielles de contact, cf. les deux dernières équations du système d'équations

éq 6.1-7) : dans ce cas là on retrouve la dépendance des résultats obtenus au choix des coefficients de pénalisation κ_n et κ_τ strictement positifs. Les termes $\mathbf{G}_{\text{cont}}(\lambda_k, \mathbf{u}_k, w_{nk}, \mathbf{u}^*)$ et $\mathbf{G}_{\text{frot}}(\Lambda_k, \lambda_k, \mathbf{u}_k, w_{nk}, \mathbf{u}^*)$ sont alors modifiés de la manière suivante :

$$\mathbf{G}_{\text{cont}}(\lambda_k, \mathbf{u}_k, w_{nk}, \mathbf{u}^*) = -\int_{\Gamma_c} S_{uk}^w \cdot g_{nk}^w \cdot [\![\mathbf{u}^*]\!]_n \cdot d\Gamma_c + \int_{\Gamma_c} \left(S_{uk}^w \cdot \kappa_n \cdot d_{nk}^w\right)[\![\mathbf{u}^*]\!]_n \cdot d\Gamma_c$$

$$\mathbf{G}_{\text{frot}}(\Lambda_k, \lambda_k, \mathbf{u}_k, w_{nk}, \mathbf{u}^*) = -\int_{\Gamma_c} S_{uk}^w \cdot \mu \cdot \lambda_k \left(S_{fk} \cdot \Lambda_k + (1 - S_{fk}) \cdot \frac{\Lambda_k + h_\tau \cdot \mathbf{v}_{\tau k}}{\left\|\Lambda_k + h_\tau \cdot \mathbf{v}_{\tau k}\right\|}\right) \cdot [\![\mathbf{u}^*]\!]_\tau \cdot d\Gamma_c - \int_{\Gamma_c} S_{uk}^w \cdot S_{fk} \cdot \kappa_\tau \cdot \mu \cdot \lambda_k \cdot \mathbf{v}_{\tau k}^- \cdot [\![\mathbf{u}^*]\!]_\tau \cdot d\Gamma_c$$

éq 6.1-6

Si on ne garde que la formulation pénalisée, il faut retravailler les équations de la manière suivante :

$$\mathbf{G}_{\text{cont}}(\lambda_k, \mathbf{u}_k, w_{nk}, \mathbf{u}^*) = \int_{\Gamma_c} \left(S_{uk}^w \cdot \kappa_n \cdot d_{nk}^w\right)[\![\mathbf{u}^*]\!]_n \cdot d\Gamma_c$$

$$\mathbf{G}_{\text{frot}}(\lambda_k, \mathbf{u}_k, \mathbf{u}^*) = -\int_{\Gamma_c} S_{uk}^w \cdot \mu \cdot \lambda_k \left(S_{fk} \cdot \kappa_\tau \cdot \mathbf{v}_{\tau k} + (1 - S_{fk}) \cdot \frac{\kappa_\tau \cdot \mathbf{v}_{\tau k}}{\left\|\kappa_\tau \cdot \mathbf{v}_{\tau k}\right\|}\right) \cdot [\![\mathbf{u}^*]\!]_\tau \cdot d\Gamma_c$$

$$\mathbf{G}_{\text{cont}}^{\text{faible}}(\lambda_k, \mathbf{u}_k, w_{nk}, \lambda^*) = -\frac{1}{\kappa_n} \int_{\Gamma_c} \left(\lambda_k + \kappa_n \cdot d_{nk}^{w-}\right) \cdot \lambda^* \cdot d\Gamma_c$$

$$\mathbf{G}_{\text{frot}}^{\text{faible}}(\Lambda_k, \lambda_k, \mathbf{u}_k, \Lambda^*) = \frac{1}{\kappa_\tau} \cdot \int_{\Gamma_c} \mu \cdot \lambda_k \cdot S_{uk}^w \cdot \Lambda_k \cdot \Lambda^* \cdot d\Gamma_c - \frac{1}{\kappa_\tau} \cdot \int_{\Gamma_c} \mu \cdot \lambda_k \cdot S_{uk}^w \cdot S_{fk} \cdot (\kappa_\tau \cdot \mathbf{v}_{\tau k}^-) \cdot \Lambda^* \cdot d\Gamma_c$$
$$-\frac{1}{\kappa_\tau} \cdot \int_{\Gamma_c} \mu \cdot \lambda_k \cdot S_{uk}^w \cdot (1 - S_{fk}) \cdot \frac{\kappa_\tau \cdot \mathbf{v}_{\tau k}^-}{\left\|\kappa_\tau \cdot \mathbf{v}_{\tau k}^-\right\|} \cdot \Lambda^* \cdot d\Gamma_c + \int_{\Gamma_c} (1 - S_{uk}^w) \cdot \Lambda_k \cdot \Lambda^* \cdot d\Gamma_c$$

éq 6.1-7

avec les deux fonctions caractéristiques suivantes :

$$S_{uk}^w = \chi\left(-d_{nk}^w\right) = \begin{cases} 1 & -d_{nk}^w \leq 0 \ contact \\ 0 & -d_{nk}^w > 0 \ pas\,de\,contact \end{cases}$$

éq 6.1-8

et :

$$S_{fk} = \chi \left(\left\| \kappa_\tau . \mathbf{v}_{\tau k} \right\| - 1 \right) = \begin{cases} 1 & \left\| \kappa_\tau . \mathbf{v}_{\tau k} \right\| \leq 1 \ adh\acute{e}rent \\ 0 & \left\| \kappa_\tau . \mathbf{v}_{\tau k} \right\| > 1 \ glissant \end{cases} \qquad \text{éq 6.1-9}$$

Noter que d_{nk}^{w-} et $\mathbf{V}_{\tau k}^{-}$ sont des valeurs fixes obtenues à l'itération précédente lorsque l'on résout de manière incrémentale le système d'équations éq 6.1-7 en posant $x_k = x_k^{-} + \Delta x_k$. On ne doit donc pas prendre en compte les variations associées à ces termes et cela revient à avoir une expression explicite du semi-multiplicateur de frottement.

En dynamique, en l'absence d'usure, on modifie le formalisme précédent pour prendre en compte les lois de Signorini-Moreau en introduisant des conditions sur la vitesse de contact [21]. La forme variationnelle des équations d'équilibre et de contact-frottement devient alors :

$$\mathbf{G}_{cont}^{dyna}\left(\lambda_k, \mathbf{v}_k, \mathbf{v}^*\right) = -\int_{\Gamma_c} S_{uk}.S_{vk}.\lambda_k.\left[\!\left[\mathbf{v}^*\right]\!\right]_n .d\Gamma_c$$

$$\mathbf{G}_{frot}^{dyna}\left(\mathbf{\Lambda}_k, \lambda_k, \mathbf{v}_k, \mathbf{v}^*\right) = -\int_{\Gamma_c} S_{uk}.\mu.\lambda_k.\left(S_{fk}.\mathbf{\Lambda}_k + (1-S_{fk}).\frac{\mathbf{g}_{\tau k}}{\left\|\mathbf{g}_{\tau k}\right\|} \right).\left[\!\left[\mathbf{v}^*\right]\!\right]_\tau .d\Gamma_c$$

$$\mathbf{G}_{cont}^{dyna,faible}\left(\lambda_k, \mathbf{v}_k, \lambda^*\right) = -\frac{1}{h_n}\int_{\Gamma_c} \left(\lambda_k - S_{uk}.S_{vk}.(\lambda_k - h_n.\left[\!\left[\mathbf{v}_k\right]\!\right]_n)\right)\lambda^* .d\Gamma_c$$

$$\mathbf{G}_{frot}^{dyna,faible}\left(\mathbf{\Lambda}_k, \lambda_k, \mathbf{v}_k, \mathbf{\Lambda}^*\right) = \frac{1}{h_\tau}.\int_{\Gamma_c} \mu.\lambda_k.S_{uk}.\mathbf{\Lambda}_k.\mathbf{\Lambda}^* .d\Gamma_c - \frac{1}{h_\tau}.\int_{\Gamma_c} \mu.\lambda_k.S_{uk}.S_{fk}.(\mathbf{\Lambda}_k + h_\tau.\mathbf{v}_{\tau k}).\mathbf{\Lambda}^* .d\Gamma_c$$

$$- \frac{1}{h_\tau}.\int_{\Gamma_c} \mu.\lambda_k.S_{uk}.(1-S_{fk}).\frac{\mathbf{\Lambda}_k + h_\tau.\mathbf{v}_{\tau k}}{\left\|\mathbf{\Lambda}_k + h_\tau.\mathbf{v}_{\tau k}\right\|}.\mathbf{\Lambda}^* .d\Gamma_c + \int_{\Gamma_c} (1-S_{uk}).\mathbf{\Lambda}_k.\mathbf{\Lambda}^* .d\Gamma_c$$

$$\text{éq 6.1-10}$$

$$\mathbf{u}^i(t) = \mathbf{u}^i(t_0) + \int_{t_0}^{t} \mathbf{v}^i(\tau)d\tau$$

où $S_{uk} = \chi(-d_{nk})$ et $S_{vk} = \chi(\lambda - \rho_n . \|v_k\|_n)$. La résolution peut alors se faire en déplacement en utilisant un θ-schéma d'ordre 1. Une présentation générale de la méthode en dynamique ainsi que des exemples de validation peuvent être trouvés dans [87].

6.1.2 Résolution numérique

La résolution des problèmes formulés ci-dessus nécessite des méthodes de discrétisation en espace et éventuellement en temps, ainsi que des algorithmes itératifs. Concernant l'aspect algorithmique, la méconnaissance des vis-à-vis en contact est traitée par le biais d'une boucle de point fixe sur la géométrie, combinée à l'usage d'algorithmes locaux de Newton. Le caractère non différentiable lié au contact unilatéral est résolu via une méthode de type « contraintes actives » [52]. Les non linéarités de frottement sont traitées par un point fixe sur le seuil de frottement, ramenant à des modèles de frottement de type Tresca. Le caractère non différentiable lié à la projection sur la boule unité du semi-multiplicateur de frottement est traité par une méthode de type Newton généralisé ou module tangent. La description de l'ensemble des boucles d'imbrication successives, assurant robustesse au détriment du coût de calcul en temps, est faite dans [21]. Afin de gagner en temps calcul, des travaux sont actuellement en cours dans le cadre de la thèse CIFRE de Ayaovi-Dzifa Kudawoo, en collaboration avec le LMA de Marseille, afin de limiter l'imbrication des boucles de points fixes, la principale difficulté résidant dans le traitement de la géométrie.

Soulignons par ailleurs un aspect essentiel soulevé et traité dans [22], lié à la nécessité d'intégration précise des termes de contact pour le passage du patch test de Taylor. Plus précisément, à partir de l'analyse du système d'équations éq 6.1-2, nous pouvons édicter trois règles d'or à respecter pour une intégration précise et efficace de ces contributions.

1. La nécessité d'un sous-découpage adaptatif

Nous avons vu que l'équation de contact s'écrivait de la manière suivante :

$$\mathbf{G}_{\text{cont}}^{\text{faible}}\left(\lambda_k, \mathbf{u}_k, w_{nk}, \lambda^*\right) = -\frac{1}{h_n} \int_{\Gamma_c} \left(\lambda_k - S_{uk}^w.(\lambda_k - h_n.d_{nk}^w)\right)\lambda^*.d\Gamma_c \qquad \text{éq 6.1-11}$$

En raisonnant sur la contribution d'un élément en 2D, et en supposant une interpolation linéaire des pressions et déplacements, la contribution à $\mathbf{G}_{\text{cont}}^{\text{faible}}\left(\lambda_k, \mathbf{u}_k, w_{nk}, \mathbf{u}^*\right)$ de cet élément s'écrit :

$$-\frac{1}{h_n}\int_{\Gamma_c}\left(\lambda_1(1-S_u^w)\Phi_1 + \lambda_2(1-S_u^w)\Phi_2 + h_n.S_u^w.[\Phi_1.\mathbf{u}_{n1}^i + \Phi_2.\mathbf{u}_{n2}^i - \Phi_1.\mathbf{u}_{n1}^m - \Phi_2.\mathbf{u}_{n2}^m]\mathbf{n}\right)\!\left(\lambda_1^*.\Phi_1 + \lambda_2^*.\Phi_2\right)d\Gamma_c \quad \forall\!\left(\lambda_1^*, \lambda_2^*\right) \qquad \text{éq 6.1-12}$$

L'équation éq 6.1-12 fait apparaître des intégrales du type $\int_{\Gamma_c} \Phi_i.\Phi_j d\Gamma_c$ qui ne sont intégrables que si le support de la maille maître est plus large que celui de la maille esclave en vis-à-vis, l'intégrale se faisant sur la partie esclave de la discrétisation des surfaces de contact. Une illustration simple de cette difficulté peut-être donnée sur la figure ci-dessous :

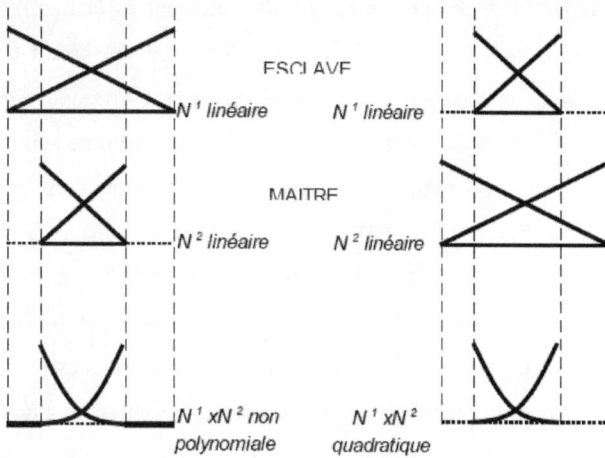

Figure 6.1-1 : intégration numérique des termes de contact. Situation conduisant à la non satisfaction du patch test à gauche et satisfaisant le patch test à droite pourvu que sur l'ensemble du domaine esclave les intégrations restent celles de fonctions polynomiales, ici quadratiques.

Sur la partie droite de la figure, si l'on cherche à calculer la contribution de contact de l'élément de pression esclave travaillant dans le champ de déplacement de l'élément maître, cela revient à intégrer sur l'élément esclave une fonction non polynomiale (en fait elle est polynomiale par morceaux). Le calcul est alors soit faux soit approximatif. Dans le cas présent nous voyons que si en plus nous utilisons un schéma d'intégration aux nœuds la contribution de contact est nulle (comme si l'élément maître était invisible pour le contact). A noter que dans le cas de maillages non conformes entre surfaces maître et surfaces esclaves, inverser le rôle des surfaces maîtres et esclaves n'est pas suffisant, la localisation des zones où l'une des surfaces est maillée plus finement que l'autre pouvant être très locale et pas forcément contrôlable par l'utilisateur. Afin de pallier ce défaut on a tenté de proposer dans [22] une découpe régulière de l'élément esclave en sous-éléments (schémas de Simpson ou de Newton Cotes). Cette découpe réduit les problèmes mais ne les résout que partiellement car le découpage en zone régulière ne se conforme pas aux zones où les dérivées des fonctions de forme sont continues : il reste donc des zones où le calcul reste non polynomial et où, pour réduire l'erreur numérique, il faut payer le prix fort en terme de sous-découpage. On montre ainsi Figure 6.1-2 qu'il faut recourir jusqu'à des schémas de Simpson d'ordre 4 ou des schémas de gauss d'ordre 10. En outre, si l'on modélise une surface de contact courbe, mieux vaut alors utiliser des éléments quadratiques, nettement plus performants, comme le montre la comparaison des résultats de gauche (éléments linéaires) et de droite (éléments quadratiques) de la Figure 6.1-2.

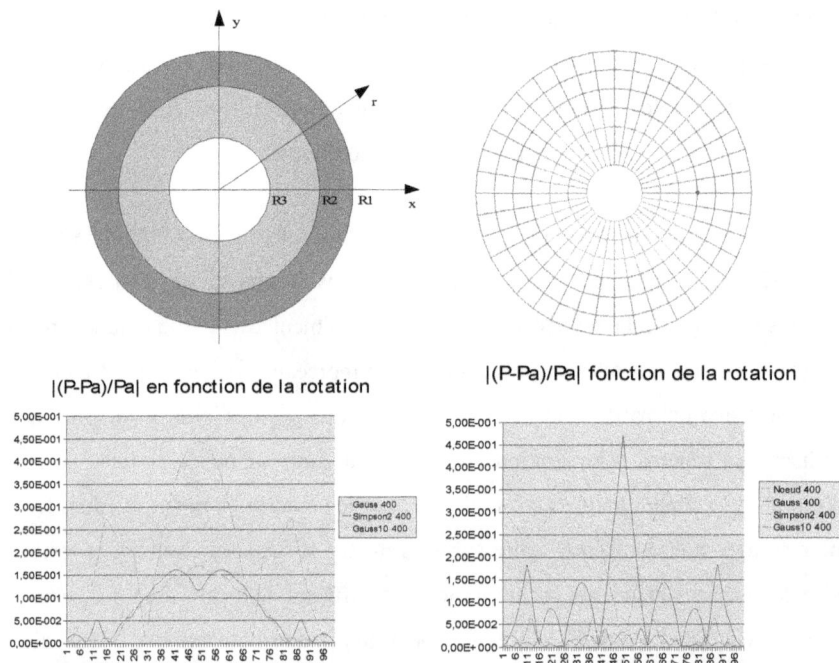

|(P-Pa)/Pa| en fonction de la rotation

|(P-Pa)/Pa| fonction de la rotation

Figure 6.1-2 : pression externe sur deux disques concentriques pour des maillages réguliers des surfaces de contact en vis-à-vis pour R=R2 à T=0. Le disque intérieur est mis en rotation par rapport au disque externe sur lequel on applique une pression pour T>0. Le point rouge le long de l'axe x à R=R2 glisse le long d'un élément de la circonférence. A la fin de cette rotation, réalisée en 100 incréments, les surfaces de contact sont de nouveau en vis-à-vis. Les deux figures inférieures donnent l'évolution de la pression calculée par rapport à sa solution analytique constante, pour un maillage linéaire à gauche et un maillage quadratique à droite. 400 éléments le long de l'interface de contact sont nécessaires pour avoir des résultats exploitables. Pour les éléments linéaires, des schémas d'intégration de Simpson 2 à l'ordre 4 et de gauss d'ordre 10 doivent être utilisés pour une erreur maximale sur la pression de contact de 15% à mi parcours. Un schéma de gauss d'ordre 3 donnera une erreur de 45%. Pour les éléments quadratiques, les meilleurs résultats sont obtenus avec un schéma de gauss d'ordre 10 qui permet de réduire l'erreur à 4%, suivi de près par Simpson 2 à 6%. Un schéma de gauss d'ordre 3 donne de nouveau une erreur de 45%.

On propose dans une approche similaire à [126,128] un découpage adaptatif, s'appuyant sur le caractère polynomial par morceau des produits des fonctions de forme à intégrer, utilisant la projection de la discrétisation de la surface maître sur la surface esclave. Une illustration de ce type de découpage est donnée sur la figure ci-dessous pour un contact en 3D entre deux surfaces :

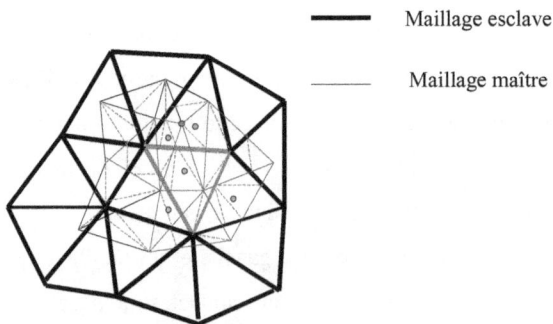

Figure 6.1-3 : phase de redécoupage en 3D pour une intégration correcte des termes de contact. La situation actuelle avec intégration nodale montre que 5 mailles maître sont oubliées actuellement dans l'intégration des termes de contact (mailles avec un point vert en leur centre). Le nœud indiqué en rouge ne voit jamais la surface de contact et ne participe à aucune équation de contact.

Lors de la phase d'appariement du contact, pour une maille esclave (en rouge ici) on va associer toutes les mailles du solide maître en bleu. L'intégration des termes de contact se fera alors sur l'intersection d'une maille bleue et d'une maille rouge, avec un redécoupage en sous triangles pour pouvoir faire les intégrations. Une maquette 2D sur la base de cette proposition a été proposée par Martin Guiton de l'IFP qui permet de répondre au problème.

Il est à noter que l'absence de sous-intégration adaptative pour les éléments de contact, n'est vraiment visible que si la surface maître n'est pas rigide, du fait de la présence de trous dans la prise en compte du contact lorsque les maillages maître-esclave ne sont pas compatibles. Ces trous ne disparaissent pas en raffinant le maillage, mais seulement en modifiant les schémas d'intégration. Il en résulte des résultats faux, notamment lorsque l'on regarde l'état des contraintes au niveau de la surface de contact. En présence de gravité qui exacerbe le phénomène, le maillage maître passe au travers de la surface esclave comme montré Figure 6.1-4 :

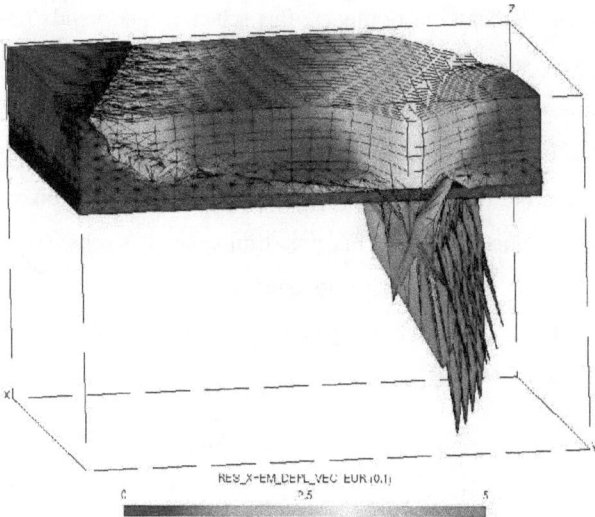

Figure 6.1-4 : effet d'un trou local dans l'intégration. Le maillage maître passe au travers de la surface esclave. Résultat produit dans le cadre de la thèse de Maximilien Siavelis.

La solution actuellement préconisée avec Code_Aster est de ne pas utiliser les schémas nodaux par défaut du code dans ce type de situation, mais d'utiliser les schémas d'intégration les plus riches, avec maillages fins et quadratiques pour le traitement de contact entre surfaces courbes, en attendant la généralisation des schémas adaptatifs.

2. La nécessité de monter en ordre les schémas d'intégration pour les éléments quadratique : insuffisance de l'intégration nodale dans ce cas

Par ailleurs le degré polynomial intégré par élément de contact frottement lorsque les statuts sont les mêmes pour tous les points de l'élément vaut 2 pour les éléments linéaires et 4 pour les éléments quadratiques. Cela nécessite d'avoir à minima des schémas d'intégration à 2 points de gauss pour les éléments linéaires et à 3 points de gauss pour les éléments quadratiques. Les schémas aux nœuds mis par défaut dans Code_Aster sont donc sous-intégrés. S'ils semblent convenir pour les éléments linéaires en raffinant suffisamment le maillage, ils ne permettent pas de récupérer une solution exploitable pour des éléments quadratiques. Une première illustration est fournie par un exemple de contact de Hertz où l'on compare pour différents éléments quadratiques et linéaires l'influence des schémas d'intégration. Le schéma aux nœuds pour les éléments quadratiques est le seul à conduire à des oscillations importantes de la solution pour un même raffinement.

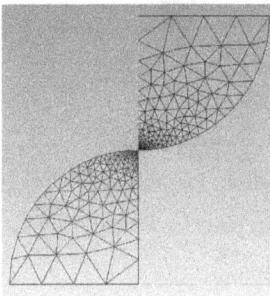

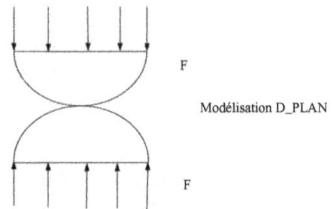

Modélisation D_PLAN

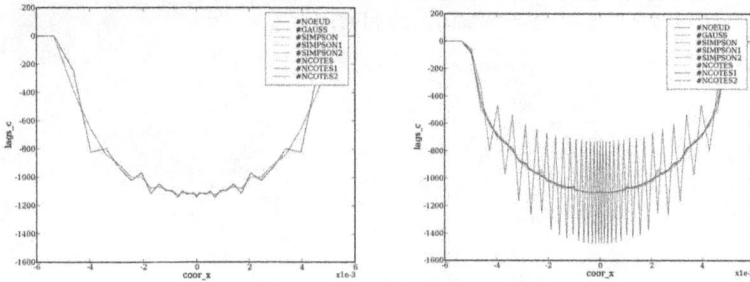

Figure 6.1-5 : écrasement de deux cylindres maillés. Comparaison des différents schémas d'intégration à gauche pour les éléments linéaires, à droite pour les éléments quadratiques. Pour les éléments quadratiques, le schéma nodal, trop sous-intégré ne permet pas de capter la bonne solution. Les autres schémas d'intégration ont un bon comportement.

Afin de dédouaner le passage de la zone contactante à la zone non contactante on propose une nouvelle illustration donnée par l'exemple de deux disques imbriqués l'un dans l'autre sous chargement de pression externe [111]. Les maillages des surfaces maître et esclave restent compatibles et on augmente la pression au fur et à mesure dans le temps. On regarde alors pour deux raffinements distincts du maillage (l'un étant dix fois plus raffiné que l'autre) l'écart à la solution analytique HPP.

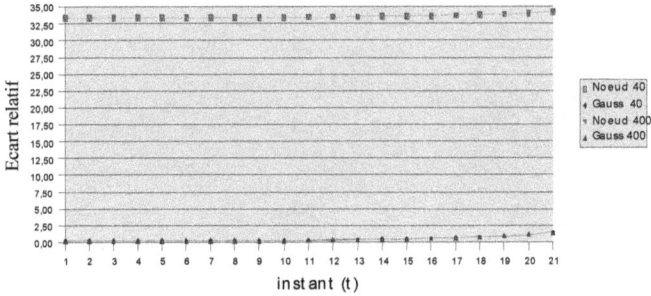

Ecart relatif entre la pression de contact simulée et la pression analytique

Figure 6.1-6 : pression externe sur deux disques concentriques quadratiques pour des maillages des surfaces de contact en vis-à-vis compatibles pour R=R2 (voir Figure 6.1-5). Le schéma d'intégration nodale, sous-intégré, bien que convergé ne capte pas la bonne solution.

La Figure 6.1-6 nous montre déjà que les résultats sont convergés car insensibles au raffinement de maillage. Néanmoins le schéma d'intégration sous-intégré aux nœuds dans le cas des éléments quadratiques se révèle incapable de capter la bonne solution. Il converge vers une autre solution. Le schéma de gauss à 3 points et des schémas plus riches se révèlent bien capables de capter la bonne solution.

3. La nécessité d'une intégration différenciée pour l'équation d'équilibre et les équations de contact-frottement avec une intégration nodale imposée pour les équations de contact frottement et une intégration à la main de l'utilisateur (suffisamment riche) pour l'équation d'équilibre (cf. point 2).

Cependant, le schéma d'intégration n'est pas la seule difficulté à lever pour l'intégration des termes de contact frottement. La notion de statut des points de contact est aussi importante. Pour l'illustrer, nous pouvons raisonner sur un seul élément 2D, en se plaçant dans un premier temps dans le cas d'un élément de contact, avec une normale fixe unique (surface maître rigide par exemple), pour lequel les surfaces maîtres et esclaves utilisent les mêmes fonctions de forme et dont les nœuds maître et esclave sont en vis-à-vis, c'est-à-dire pour des maillages compatibles. L'équation éq 6.1-12 s'écrit alors :

$$\int_{\Gamma_c} \left(\lambda_1(1-S_u^w).\Phi_1 + \lambda_2(1-S_u^w).\Phi_2 + h_n S_u^w.\Phi_1.d_{n1} + h_n S_u^w.\Phi_2.d_{n2} \right)\left(\lambda_1^*.\Phi_1 + \lambda_2^*.\Phi_2 \right) d\Gamma_c = 0 \quad \forall \left(\lambda_1^*, \lambda_2^* \right) \quad \text{éq 6.1-13}$$

Ce qui amène à résoudre un système de deux équations à deux inconnues en $\left(\lambda_1, \lambda_2 \right)$, du type :

$$\lambda_1 \left[\sum_g w_g (1-S_{ug}^w)\Phi_{1g}.\Phi_{1g} \right] + \lambda_2 \left[\sum_g w_g (1-S_{ug}^w)\Phi_{1g}.\Phi_{2g} \right] = -h_n \sum_g \left(w_g S_{ug}^w \Phi_{1g}.[d_{1n}.\Phi_{1g} + d_{2n}.\Phi_{2g}] \right) \quad \text{éq 6.1-14}$$

$$\lambda_1 \left[\sum_g w_g (1-S_{ug}^w)\Phi_{2g}.\Phi_{1g} \right] + \lambda_2 \left[\sum_g w_g (1-S_{ug}^w)\Phi_{2g}.\Phi_{2g} \right] = -h_n \sum_g \left(w_g S_{ug}^w \Phi_{2g}.[d_{1n}.\Phi_{1g} + d_{2n}.\Phi_{2g}] \right)$$

où S_{ug}^w est le statut de contact au point d'intégration et Φ_{ig} la valeur de la fonction de forme i au point d'intégration g. Si, au sein de l'élément, tous les points ont le même statut alors soit $\left(d_{1n}, d_{2n} \right) = (0,0)$ pour un statut de contact, soit $\left(\lambda_1, \lambda_2 \right) = (0,0)$ pour un statut non contactant. Si certains points d'intégration ont des statuts différents, alors on peut exprimer $\left(\lambda_1, \lambda_2 \right)$ comme une fonction de $\left(d_{1n}, d_{2n} \right)$ par inversion du système précédent étant donné que :

$$\left[\sum_g w_g (1-S_{ug}^w)\Phi_{1g}.\Phi_{1g}.\sum_g w_g (1-S_{ug}^w)\Phi_{2g}.\Phi_{2g} \right] - \left[\sum_g w_g (1-S_{ug}^w)\Phi_{1g}.\Phi_{2g} \right]^2 = \det \neq 0$$

Ce déterminant montre que la résolution du système précédent n'est possible que si au moins un point de contact (point d'intégration) n'est pas dans un état contactant et que les fonctions de forme ne s'annulent pas en ce point, ce qui exclut les schémas d'intégration nodale. Dans le cas contraire, si tous les points sont en contact, alors $(d_{1n}, d_{2n}) = (0,0)$, et pour les intégrations nodales associées à un déterminant nul soit $(d_{1n}, d_{2n}) = (0,0)$, soit $(d_{1n}, \lambda_2) = (0,0)$, soit $(\lambda_1, d_{2n}) = (0,0)$.

Si au moins un point d'intégration n'est pas contactant, le système se résout de la manière suivante :

$$\begin{pmatrix} \lambda_1 \\ \lambda_2 \end{pmatrix} = \frac{-h_n}{\det} \begin{pmatrix} \sum_g (1-S_{ug}^w) w_g \Phi_{2g}. \Phi_{2g}. \sum_g w_g S_{ug}^w \Phi_{1g}. \Phi_{1g} & -\sum_g (1-S_{ug}^w) w_g \Phi_{1g}. \Phi_{2g}. \sum_g w_g S_{ug}^w \Phi_{2g}. \Phi_{2g} \\ -\sum_g (1-S_{ug}^w) w_g \Phi_{2g}. \Phi_{1g}. \sum_g w_g S_{ug}^w \Phi_{1g}. \Phi_{1g} & \sum_g (1-S_{ug}^w) w_g \Phi_{1g}. \Phi_{1g}. \sum_g w_g S_{ug}^w \Phi_{2g}. \Phi_{2g} \end{pmatrix} \begin{pmatrix} d_{1n} \\ d_{2n} \end{pmatrix}$$

$$\frac{-h_n}{\det} \begin{pmatrix} -\sum_g (1-S_{ug}^w) w_g \Phi_{1g}. \Phi_{2g}. \sum_g w_g S_{ug}^w \Phi_{2g}. \Phi_{1g} & \sum_g (1-S_{ug}^w) w_g \Phi_{2g}. \Phi_{2g}. \sum_g w_g S_{ug}^w \Phi_{1g}. \Phi_{2g} \\ \sum_g (1-S_{ug}^w) w_g \Phi_{1g}. \Phi_{1g}. \sum_g w_g S_{ug}^w \Phi_{2g}. \Phi_{1g} & -\sum_g (1-S_{ug}^w) w_g \Phi_{2g}. \Phi_{1g}. \sum_g w_g S_{ug}^w \Phi_{1g}. \Phi_{2g} \end{pmatrix} \begin{pmatrix} d_{1n} \\ d_{2n} \end{pmatrix}$$

L'ensemble des solutions obtenues est résumé dans le tableau ci-dessous dans le cas où $\exists g, S_{ug}^w = 0; \exists g' \neq g, S_{ug'}^w = 1$:

$(d_{1n}, d_{2n}) = (0,0)$		$(\lambda_1, \lambda_2) = (0,0)$	Le contact au point d'intégration n'est pas vu par le système
$(d_{1n}, d_{2n}) \neq (0,0)$		$(\lambda_1, \lambda_2) \neq (0,0)$	Du fait qu'il y a au moins un point d'intégration en contact, les pressions de contact nodales sont non nulles, même si aux nœuds de l'élément on ne détecte pas de contact car $(d_{1n}, d_{2n}) \neq (0,0)$.

La résolution de ce système qui n'assure pas aux nœuds de lien logique entre les valeurs de (d_{1n}, d_{2n}) et (λ_1, λ_2) conduit généralement à des oscillations sur les pressions de contact : elle est donc à éviter, sauf si une intégration aux nœuds est utilisée. Dans ce cas là, le système se réduit à :

$$\begin{pmatrix} \lambda_1 \\ \lambda_2 \end{pmatrix} = \frac{-h_n}{\det} \begin{pmatrix} (1-S_{u2}^w) w_2. S_{u1}^w w_1 & 0 \\ 0 & (1-S_{u1}^w) w_1. S_{u2}^w w_2 \end{pmatrix} \begin{pmatrix} d_{1n} \\ d_{2n} \end{pmatrix}$$

ce qui conduit à :

$\left(S_{u1}^w, S_{u2}^w\right)=(0,0)$ nœuds sommet de l'élément non contactant	$\left(\lambda_1,\lambda_2\right)=(0,0)$
$\left(S_{u1}^w, S_{u2}^w\right)=(1,0)$	$d_{1n}=0 \quad \lambda_2=0$
$\left(S_{u1}^w, S_{u2}^w\right)=(0,1)$	$d_{2n}=0 \quad \lambda_1=0$

On remarquera en fait que cette résolution correspond à celle du système suivant :

$$\lambda_1(1-S_{u1}^w).w_1 = -h_n S_{u1}^w d_{1n}.w_1 \qquad \text{éq 6.1-15}$$
$$\lambda_2(1-S_{u2}^w).w_2 = -h_n S_{u2}^w d_{2n}.w_2$$

Une analyse de l'équation éq 6.1-15 montre ainsi que l'équation de contact fournit pour un nœud une pression nulle en situation non contactant et un jeu nul en situation contactant. La pression en situation contactant sera obtenue par l'équation d'équilibre ainsi que le jeu en situation non contactant. Si l'ordre du schéma d'intégration que l'on utilise paraît important pour la résolution de l'équation d'équilibre une sous-intégration nodale semble tout à fait pertinente pour l'équation de contact.

Si l'on prend en compte non plus le statut aux points de gauss, mais le statut aux nœuds inconnus du système, le système précédent devient :

$$\lambda_1(1-S_{u1}^w).\sum_g w_g \Phi_{1g}.\Phi_{1g} + \lambda_2(1-S_{u2}^w).\sum_g w_g \Phi_{1g}.\Phi_{2g} = -h_n S_{u1}^w d_{1n}.\sum_g w_g \Phi_{1g}.\Phi_{1g} - h_n S_{u2}^w d_{2n}.\sum_g w_g \Phi_{1g}.\Phi_{2g} \qquad \text{éq 6.1-16}$$
$$\lambda_1(1-S_{u1}^w).\sum_g w_g \Phi_{2g}.\Phi_{1g} + \lambda_2(1-S_{u2}^w).\sum_g w_g \Phi_{2g}.\Phi_{2g} = -h_n S_{u1}^w d_{1n}.\sum_g w_g \Phi_{2g}.\Phi_{1g} - h_n S_{u2}^w d_{2n}.\sum_g w_g \Phi_{2g}.\Phi_{2g}$$

Ce système est à déterminant nul. Il donne une solution cohérente entre les statuts de contact, les valeurs de déplacements et les valeurs de pressions.

$\left(S_{u1}^{w}, S_{u2}^{w}\right) = (0,0)$ nœuds sommet de l'élément non contactant		$\left(\lambda_1, \lambda_2\right) = (0,0)$
$\left(S_{u1}^{w}, S_{u2}^{w}\right) = (1,0)$	$d_{1n} = 0$	$\lambda_2 = 0$
$\left(S_{u1}^{w}, S_{u2}^{w}\right) = (0,1)$	$d_{2n} = 0$	$\lambda_1 = 0$
$\left(S_{u1}^{w}, S_{u2}^{w}\right) = (1,1)$ nœuds sommet de l'élément non contactant	$\left(d_{1n}, d_{2n}\right) = (0,0)$	

En résumé, dans le cas de maillages compatibles, deux approches assurent un lien logique entre les résultats en pression et déplacement donnés aux nœuds du maillage : l'une reposant sur une intégration nodale, l'autre reposant sur une intégration non spécifique pour peu que les statuts soient eux aussi des variables nodales. Nous allons voir que ce dernier choix n'est pas possible dans le cas des maillages incompatibles (malheureusement la situation que l'on rencontre le plus souvent)

En effet, l'équation éq 6.1-13 se réécrit alors :

$$\int_{\Gamma_c} \left(\lambda_1(1-S_u^w).\Phi_1 + \lambda_2(1-S_u^w).\Phi_2 + h_n.S_u^w.[\Phi_1.\mathbf{u}_{n1}^e + \Phi_2.\mathbf{u}_{n2}^e - \Phi_1.\mathbf{u}_{n1}^m - \Phi_2.\mathbf{u}_{n2}^m].\mathbf{n}\right)\left(\lambda_1^*.\Phi_1 + \lambda_2^*.\Phi_2\right) d\Gamma_c = 0 \quad \forall\left(\lambda_1^*, \lambda_2^*\right) \qquad \text{éq 6.1-17}$$

Son intégration aux nœuds donne :

$$\left(\lambda_1 \, w_1(1-S_{u1}^w) + h_n.w_1.S_{u1}^w.[\mathbf{u}_{n1}^e - \Phi_1'(p(\mathbf{u}_{n1}^e)).\mathbf{u}_{n'1}^m - \Phi_2'(p(\mathbf{u}_{n1}^e)).\mathbf{u}_{n'2}^m].\mathbf{n}_{n1}^m\right) = 0 \qquad \text{éq 6.1-18}$$
$$\left(\lambda_2 \, w_2(1-S_{u2}^w) + h_n.w_2.S_{u2}^w.[\mathbf{u}_{n2}^e - \Phi_1'(p(\mathbf{u}_{n1}^e)).\mathbf{u}_{n'1}^m - \Phi_2'(p(\mathbf{u}_{n1}^e)).\mathbf{u}_{n'2}^m].\mathbf{n}_{n2}^m\right) = 0$$

Elle permet de nouveau de vérifier qu'il existe un lien logique entre les résultats en pression et déplacement donnés aux nœuds du maillage et peut donc être utilisée.

L'intégration de l'équation éq 6.1-13 aux points de gauss avec statut de contact aux points de gauss donne par ailleurs :

$$\sum_g w_g \left(\lambda_1 (1 - S_{ug}^w).\Phi_{1g}\Phi_{1g} + \lambda_2 (1 - S_{ug}^w).\Phi_{2g}\Phi_{1g} + h_n.\Phi_{1g}.S_{ug}^w [\Phi_{1g}.\mathbf{u}_{n1}^e + \Phi_{2g}.\mathbf{u}_{n2}^e - \Phi_{1g}'.\mathbf{u}_{n'1}^m - \Phi_{2g}'.\mathbf{u}_{n'2}^m].\mathbf{n}_g \right) = 0 \qquad \text{éq 6.1-19}$$

$$\sum_g w_g \left(\lambda_1 (1 - S_{ug}^w).\Phi_{1g}\Phi_{2g} + \lambda_2 (1 - S_{ug}^w).\Phi_{2g}\Phi_{2g} + h_n.\Phi_{2g}.S_{ug}^w [\Phi_{1g}.\mathbf{u}_{n1}^e + \Phi_{2g}.\mathbf{u}_{n2}^e - \Phi_{1g}'.\mathbf{u}_{n'1}^m - \Phi_{2g}'.\mathbf{u}_{n'2}^m].\mathbf{n}_g \right) = 0$$

à rapprocher de éq 6.1-14.

L'intégration aux points de gauss avec statut de contact aux nœuds nous pose alors problème :

$$\sum_g w_g \left(\lambda_1 (1 - S_{u1}^w).\Phi_{1g}\Phi_{1g} + \lambda_2 (1 - S_{u2}^w).\Phi_{2g}\Phi_{1g} + h_n.\Phi_{1g}[\Phi_{1g}.S_{u1}^w.\mathbf{u}_{n1}^e + \Phi_{2g}.S_{u2}^w.\mathbf{u}_{n2}^e - S_g^w?.\Phi_{1g}'.\mathbf{u}_{n'1}^m - S_g^w?.\Phi_{2g}'.\mathbf{u}_{n'2}^m].\mathbf{n}_g \right) = 0 \qquad \text{éq 6.1-20}$$

$$\sum_g w_g \left(\lambda_1 (1 - S_{u1}^w).\Phi_{1g}\Phi_{2g} + \lambda_2 (1 - S_{u2}^w).\Phi_{2g}\Phi_{2g} + h_n.\Phi_{2g}[\Phi_{1g}.S_{u1}^w.\mathbf{u}_{n1}^e + \Phi_{2g}.S_{u2}^w.\mathbf{u}_{n2}^e - S_g^w?.\Phi_{1g}'.\mathbf{u}_{n'1}^m - S_g^w?.\Phi_{2g}'.\mathbf{u}_{n'2}^m].\mathbf{n}_g \right) = 0$$

En effet, on ne sait pas quel statut associer aux nœuds maître, alors qu'avec compatibilité géométrique des surfaces maître et esclave, le système se réduisait à :

$$\sum_g w_g \left(\lambda_1 (1 - S_{u1}^w).\Phi_{1g}\Phi_{1g} + \lambda_2 (1 - S_{u2}^w).\Phi_{2g}\Phi_{1g} + h_n.\Phi_{1g}[\Phi_{1g}.S_{u1}^w.(\mathbf{u}_{n1}^e - \mathbf{u}_{n1}^m) + \Phi_{2g}.S_{u2}^w.(\mathbf{u}_{n2}^e - \mathbf{u}_{n2}^m)].\mathbf{n}_g \right) = 0 \qquad \text{éq 6.1-21}$$

$$\sum_g w_g \left(\lambda_1 (1 - S_{u1}^w).\Phi_{1g}\Phi_{2g} + \lambda_2 (1 - S_{u2}^w).\Phi_{2g}\Phi_{2g} + h_n.\Phi_{2g}[\Phi_{1g}.S_{u1}^w.(\mathbf{u}_{n1}^e - \mathbf{u}_{n1}^m) + \Phi_{2g}.S_{u2}^w.(\mathbf{u}_{n2}^e - \mathbf{u}_{n2}^m)].\mathbf{n}_g \right) = 0$$

autre forme de éq 6.1-16 dans un cadre plus complexe de normale variable.

On pourrait alors proposer de remplacer le système précédent éq 6.1-20, qui ne fait pas apparaître les sauts de déplacement aux nœuds contrairement à éq 6.1-21 pour des surfaces de contact compatibles par :

$$\sum_g w_g \left(\lambda_1 (1 - S_{u1}^w).\Phi_{1g}\Phi_{1g} + \lambda_2 (1 - S_{u2}^w).\Phi_{2g}\Phi_{1g} \right) \qquad \text{éq 6.1-22}$$

$$+ \sum_g w_g \left(h_n.\Phi_{1g}\Phi_{1g}.S_{u1}^w.[\mathbf{u}_{n1}^e - \Phi_1'(\mathbf{P}(\mathbf{u}_{n1}^e)).\mathbf{u}_{n'1}^m - \Phi_{2g}'(\mathbf{P}(\mathbf{u}_{n1}^e)).\mathbf{u}_{n'2}^m].\mathbf{n}_{n1}^m \right)$$

$$+ \sum_g w_g \left(h_n.\Phi_{1g}\Phi_{2g}.S_{u2}^w.[\mathbf{u}_{n2}^e - \Phi_1'(\mathbf{P}(\mathbf{u}_{n2}^e)).\mathbf{u}_{n'1}^m - \Phi_2'(\mathbf{P}(\mathbf{u}_{n2}^e)).\mathbf{u}_{n'2}^m].\mathbf{n}_{n2}^m \right) = 0$$

$$\sum_g w_g \left(\lambda_1 (1 - S_1^w).\Phi_{1g}\Phi_{2g} + \lambda_2 (1 - S_1^w).\Phi_{2g}\Phi_{2g} \right)$$

$$+ \sum_g w_g \left(h_n.\Phi_{2g}\Phi_{1g}.S_{u1}^w.[\mathbf{u}_{n1}^e - \Phi_1'(\mathbf{P}(\mathbf{u}_{n1}^e)).\mathbf{u}_{n'1}^m - \Phi_{2g}'(\mathbf{P}(\mathbf{u}_{n1}^e)).\mathbf{u}_{n'2}^m].\mathbf{n}_{n1}^m \right)$$

$$+ \sum_g w_g \left(h_n.\Phi_{2g}\Phi_{2g}.S_{u2}^w.[\mathbf{u}_{n2}^e - \Phi_1'(\mathbf{P}(\mathbf{u}_{n2}^e)).\mathbf{u}_{n'1}^m - \Phi_2'(\mathbf{P}(\mathbf{u}_{n2}^e)).\mathbf{u}_{n'2}^m].\mathbf{n}_{n2}^m \right) = 0$$

Cette forme a le désavantage de faire apparaître les cubes des fonctions de forme, que l'on retrouve aussi dans l'équation d'équilibre, mais permettrait une intégration correcte des termes de contact, avec des schémas de gauss d'ordres suffisants. Elle revient à prendre en compte une interpolation iso-paramétrique du saut de déplacement sur la géométrie de l'élément esclave. Il est à noter que si les points d'intégration sont positionnés aux nœuds, on retrouve le système d'équations éq 6.1-18.

Nous avons donc choisi une approche un peu différente pour éviter ce désagrément qui conduirait à augmenter le nombre de points d'intégration et choisissons d'opter pour une intégration nodale de l'équation de contact.

L'équivalent du système d'équations éq 6.1-15 dans le cas du frottement pour une intégration nodale pour des maillages compatibles s'écrit de la manière suivante :

$$\mu\lambda w_1 S_{u1}^w \Lambda_1 - \mu\lambda w_1 S_{u1}^w S_{f1}^w (\Lambda_1 + h_\tau \mathbf{v}_{\tau1}^w) - \mu\lambda w_1 S_{u1}^w (1 - S_{f1}^w)\frac{(\Lambda_1 + h_\tau \mathbf{v}_{\tau1}^w)}{\|\Lambda_1 + h_\tau \mathbf{v}_{\tau1}^w + \Lambda_2 + h_\tau \mathbf{v}_{\tau2}^w\|} + (1 - S_{u1}^w)w_1\Lambda_1 = 0 \qquad \text{éq 6.1-23}$$

$$\mu\lambda w_2 S_{u2}^w \Lambda_2 - \mu\lambda w_2 S_{u2}^w S_{f2}^w (\Lambda_2 + h_\tau \mathbf{v}_{\tau2}^w) - \mu\lambda w_2 S_{u2}^w (1 - S_{f2}^w)\frac{(\Lambda_2 + h_\tau \mathbf{v}_{\tau2}^w)}{\|\Lambda_1 + h_\tau \mathbf{v}_{\tau1}^w + \Lambda_2 + h_\tau \mathbf{v}_{\tau2}^w\|} + (1 - S_{u2}^w)w_2\Lambda_2 = 0$$

qui aboutit aux solutions suivantes pour les nœuds i d'intégration du segment de contact :

$$\text{Pour } S_{ui}^w = 1 \text{ si } S_{fi}^w = 1 \text{ alors } \mathbf{v}_{\tau l}^w = 0 \qquad\qquad \text{éq 6.1-24}$$
$$\text{Pour } S_{ui}^w = 1 \text{ si } S_{fi}^w = 0 \text{ alors } \mathbf{\Lambda}_i = \frac{(\mathbf{\Lambda}_i + h_\tau \mathbf{v}_{\tau l}^w)}{\left\| \mathbf{\Lambda}_1 + h_\tau \mathbf{v}_{\tau l}^w \right\|}$$
$$\text{Pour } S_{ui}^w = 0 \text{ alors } \mathbf{\Lambda}_i = 0$$

Cette solution appelle quelques commentaires. Les nœuds adhérents se voient affecter d'un glissement relatif nul et les nœuds non contactants sont associés à un semi-multiplicateur de frottement nul, ce qui est conforme au résultat attendu. En outre les nœuds supposés glissants vérifient $\left\| \mathbf{\Lambda}_i \right\| = 1$, ce qui est conforme au statut du nœud. La forme faible de l'équation de frottement dans le cas glissant permet donc d'assurer que le statut au point de contrôle choisi, ici le nœud, soit vérifié, tout comme dans le cas du contact. Le résultat s'étend facilement aux maillages incompatibles avec une forme des équations similaires à celle du système d'équations éq 6.1-18.

Il reste désormais, après les équations de contact et de frottement, à regarder le cas de l'équation d'équilibre. Si nous utilisons une intégration nodale pour les formulations faibles de contact et de frottement, nous choisirons une intégration aux points de gauss des termes de contact et de frottement dans l'équation d'équilibre. Physiquement cela s'interprète de la manière suivante : la formulation faible permet de savoir si un nœud va porter une contribution de contact (saut nul et pression à déterminer) ou non (pression nulle et saut non nul). L'équation d'équilibre permet de déterminer la valeur de la pression dans le premier cas et la valeur du saut dans le second : les différentes contributions aux points de gauss se cumulent pour déterminer la contribution aux nœuds de calcul du système. Une dernière question se pose quant aux statuts de contact des points d'intégration utilisés dans l'équation d'équilibre. Dans les approches de type mortier telles

[129,126] les valeurs moyennes sur l'élément sont utilisées pour conférer à l'ensemble du segment et de ses points de gauss le même statut pour tout l'élément. Nous avons pour le moment choisi de nous reposer sur les interpolations éléments finis des champs de pression et de déplacement pour définir ces statuts aux points de gauss (un point non contactant passant au statut de point contactant lorsque son jeu devient négatif, un point contactant passant au statut de non contactant lorsque sa pression de contact devient positive), ce qui peut nous conduire dans des cas très rares de poinçonnement notamment à des situations pathologiques conduisant à un pivot nul dans la matrice de résolution, mais permet de traiter sans effort particulier les éléments quadratiques, contrairement à [130]. Cette situation correspond par exemple à celle d'un nœud détecté comme contactant pour lequel aucun des segments de contact le contenant n'aurait de points de gauss détecté comme contactant. Dans la matrice de rigidité, la ligne correspondant au ddl de pression n'est alors remplie que de zéros dans la résolution de l'équation d'équilibre ce qui conduit à un pivot nul.

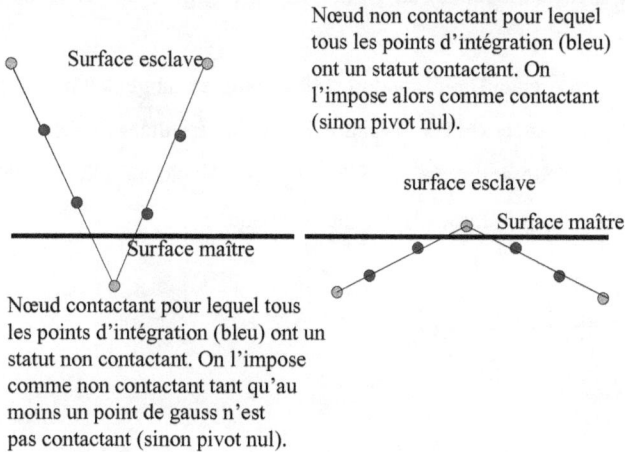

Nœud non contactant pour lequel tous les points d'intégration (bleu) ont un statut contactant. On l'impose alors comme contactant (sinon pivot nul).

Surface esclave

surface esclave

Surface maître

Surface maître

Nœud contactant pour lequel tous les points d'intégration (bleu) ont un statut non contactant. On l'impose comme non contactant tant qu'au moins un point de gauss n'est pas contactant (sinon pivot nul).

Figure 6.1-7 : situations singulières pour le traitement du contact. Elles conduisent à des pivots nuls lors de la résolution numérique. On peut facilement les détecter et imposer un statut non contactant dans le cas de la figure de gauche (on vérifiera alors bien que la pression de contact est nulle, mais sans vérifier la condition sur le jeu) et un statut contactant dans le cas de la figure de droite (on vérifiera alors bien que la pression de contact est positive).

Il est à noter que par rapport aux approches en valeurs moyennes sur les éléments, que l'on pourrait qualifier de P0, notre approche pourrait être qualifiée de P1. Dans le premier cas, les valeurs moyennes du jeu et de la pression confèrent au segment son statut, alors que notre approche prend en compte la variation linéaire du jeu ou de la pression pour en déduire les statuts aux points de gauss. Dans le cas de la Figure 6.1-7, l'approche P0 impose d'ailleurs aussi un statut non contactant au nœud vert de la figure de gauche (et à tous les points d'intégration des segments qui lui sont reliés) ainsi qu'un statut contactant (et à tous les points d'intégration des segments qui lui sont reliés) au point vert de la figure de droite en situation de décollement.

Cette stratégie de calcul, qui conduit à des matrices tangentes non symétriques, a été adoptée avec succès dans un cadre FEM (les résultats présentés Figure 6.1-5 tirent partie de cette approche) et X-FEM [121] développé plus en détail au §4.2, pour lesquels nous présentons les résultats obtenus :

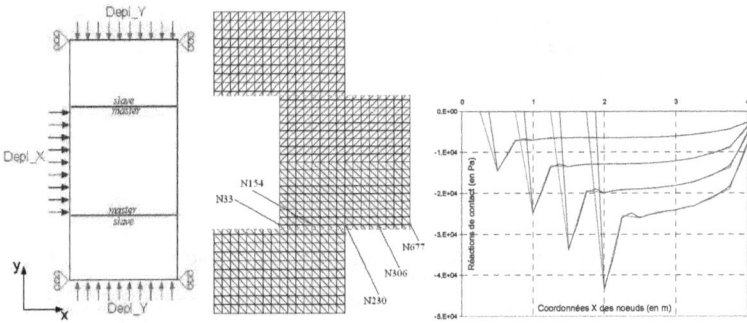

Figure 6.1-8 : bloc de largeur 4, poussé latéralement jusqu'à x=2 en 4 pas de temps. Comparaison des résultats FEM (courbe bleu) et X-FEM (courbe rouge). Les pressions de contact prennent une valeur non nulle à partir x=0,5, x=1, x=1,5 et x=2 exactement.

6.1.3 Validation et exemples numériques

On se propose de comparer la formulation *continue en vitesse* du contact à d'autres méthodes plus classiques [87]. Pour cela on considère le cas du balancement d'un bloc rectangulaire supposé *rigide* reposant sur un demi-espace également supposé rigide (Figure 6.1-9). Ses dimensions sont de 36x80 cm pour une masse de 417.6

Kg. Le bloc est légèrement incliné d'un angle initial de 10^{-2} degré, puis relâché. Soumis uniquement à la pesanteur, on suppose que le mouvement du bloc consiste en une série de rotations autour de ses deux coins (modèle dit de Housner [83]) dont la solution analytique peut être trouvée dans [156].

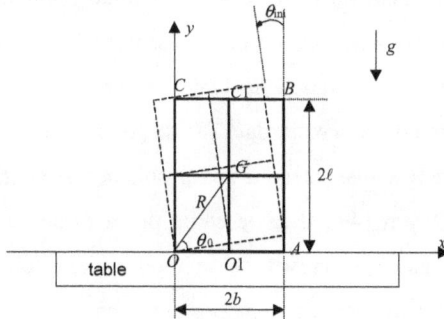

Figure 6.1-9 : modèle de balancement de bloc :
le bloc est soulevé d'un angle initial de 10^{-2} degré, puis relâché.

On compare la formulation continue en vitesse du contact décrite précédemment (VELOCITY), à une formulation avec des ressorts discrets attachés aux coins du bloc (DISCRETE), à une formulation par multiplicateurs de Lagrange affectés aux coins du bloc (LAGRANGE) et à une formulation continue classique contraignant uniquement le jeu en déplacement (GAP). Sur la Figure 6.1-10, on représente les solutions calculées en termes d'évolution de l'énergie cinétique du bloc au cours du temps. Les valeurs analytiques des maxima attendus sont représentées par des points. Il apparaît que la solution donnée par la formulation continue en vitesse est la plus satisfaisante. De manière générale la méthode donne de bons résultats en présence de dissipation, non pas tant pour le traitement du contact, que pour le traitement des ondes de chocs résultantes qui nécessitent des schémas dissipatifs (θ-schémas à l'ordre 1, HHT à l'ordre 2) [49]. Ces méthodes n'assurent cependant pas une bonne conservation de l'énergie comme remarqué dans [49]. Elle est en revanche assurée pour un schéma de point milieu avec une loi de contact exprimée en fonction de la vitesse [49,88], mais avec de grosses oscillations sur la pression de contact. Pour réduire ces oscillations [88,89] ont proposé une méthode de masse modifiée pour le traitement du contact en dynamique implicite où la surface de contact discrétisée ne possède plus de masse associée à la direction normale à la surface de contact. La conservation de l'énergie est alors quasi assurée comme montré pour un schéma de Newmark dans [88,49] et pour quelques autres schémas dans [89]. La méthode est aussi étendue aux problèmes de contact frottement dans [78]. Enfin, David Doyen [49], dans le cadre de sa thèse CIFRE à EDF R&D, balaie un ensemble assez exhaustif de méthodes de résolution implicites du problème de contact en dynamique et propose une méthode de masse modifiée en semi-explicite (explicite en temps et implicite sur l'effort de contact) dont il prouve la convergence vers le problème continu dans le cas visco-élastique [50].

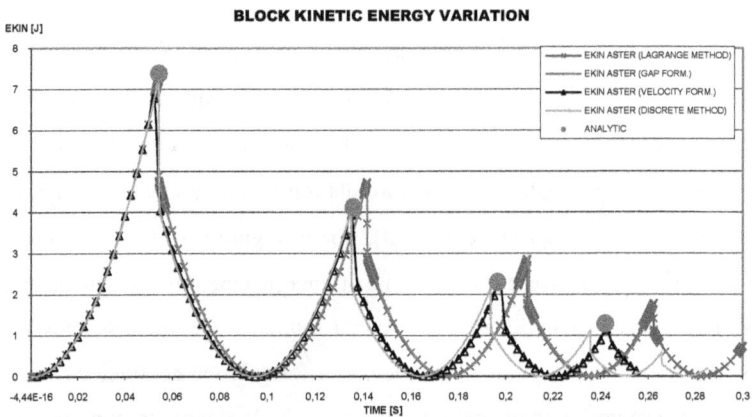

Figure 6.1-10 : modèle de balancement de bloc :
le bloc est soulevé d'un angle initial de 10^{-2} degré, puis relâché. Comparaison des évolutions de l'énergie cinétique par rapport à une solution analytique.

La validation se poursuit sur l'étude industrielle du temps de chute d'une grappe de commande à l'intérieur d'un assemblage combustible [4] : ce temps de chute sous poids propre doit rester inférieur à une valeur limite de façon à garantir la sûreté de l'arrêt du réacteur. La grappe de commande avec ses 24 crayons modérateurs est modélisée par une poutre équivalente. De la même façon, les éléments du guidage (Figure 6.1-11) constituant l'assemblage combustible sont représentés par un alignement d'éléments poutres pour dessiner un couloir de guidage de la grappe (Figure 3.1-1) [4]. La partie inférieure du guidage, formant le tube-guide de l'assemblage combustible, est modélisée dans une configuration déformée typique (en forme de S) relevée sur les assemblages usagés.

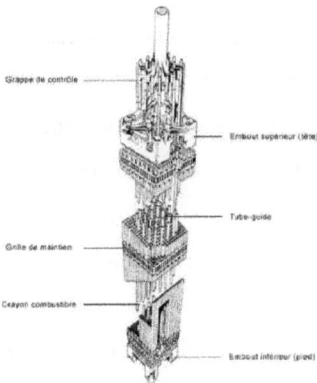

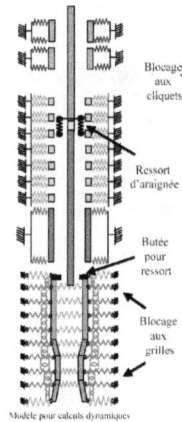

Figure 6.1-11 : coupe d'une grappe de commandes dans son assemblage combustible.

Figure 6.1-12: coupe d'une grappe de commandes dans son assemblage combustible.

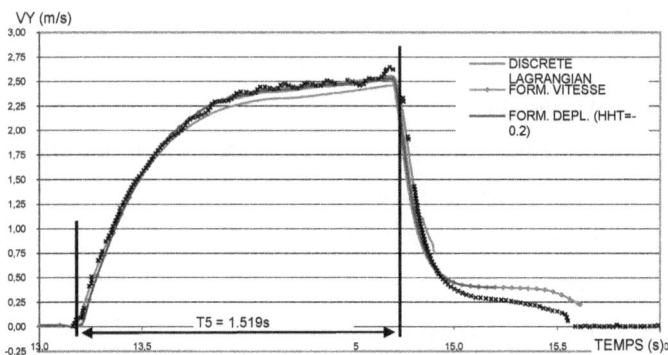

Figure 6.1-13 : évolution de la vitesse verticale de chute du crayon en fonction du temps : comparaison des formulations continues en déplacement (bleu), en vitesse (rouge) du contact avec une formulation Lagrangienne ponctuelle du contact (rose) et avec des résultats d'essai (noir).

Sur la Figure 6.1-13, on présente les résultats de simulations réalisées avec Code_Aster, en comparant la formulation continue en vitesse aux formulations Lagrangienne discrète et continue en déplacement. Les solutions numériques sont ainsi comparées à la courbe expérimentale de temps de chute (évolution de la vitesse de chute en fonction du temps).

Les différentes méthodes de contact permettent d'estimer de manière relativement satisfaisante à la fois l'évolution de la vitesse de chute et le temps de chute, égal à environ 1.5 s. En particulier, les formulations continues en vitesse et en déplacement sont très proches l'une de l'autre, et coïncident parfaitement avec la courbe expérimentale. Comparativement, la formulation Lagrangienne discrète, moins « élaborée » que les précédentes, se révèle ici moins précise.

6.1.4 Limitations actuelles et perspectives

Actuellement dans Code_Aster, il n'existe pas de rigidité associée à la variation de la normale de contact au cours du calcul. Ce problème n'apparaît pas dans le cas de contact entre solide rigide et déformable si la surface maître est rigide, puisque dans ce cas, il n'y a plus de variation de la normale de contact (elle devient fixe du fait de la rigidité de la surface maître sur laquelle s'appuie le calcul des normales de contact). Dans le cas d'un contact entre solides déformables de modules d'Young à peu près équivalents voici ce que l'on observe entre deux itérations de Newton (oscillation entre ces deux états) dans le cas d'un contact de type glissière où la condition cinématique de jeu nul est imposée quelle que soit la pression de contact.

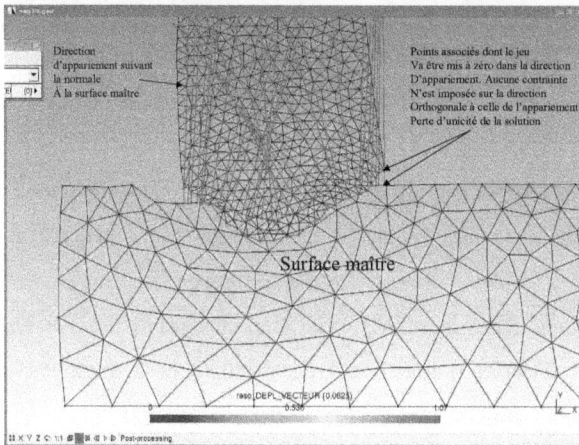

Figure 6.1-14 : les points de contact des deux solides en vis-à-vis les uns des autres par rapport aux directions d'appariement sont associés de façon à avoir un jeu nul dans un contact de type glissière.

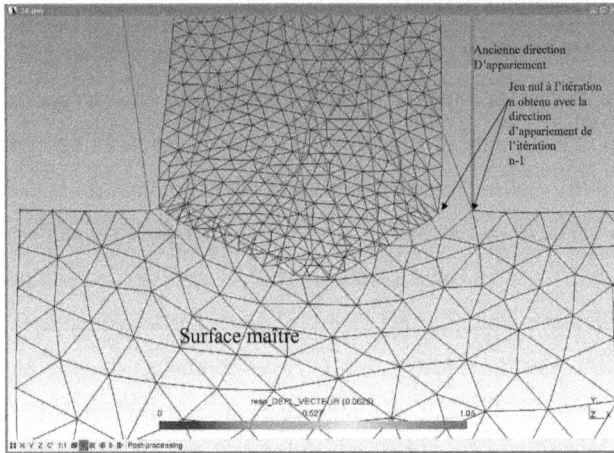

Figure 6.1-15 : résultat de l'association précédente. On remarque qu'à l'itération n, le jeu est bien nul suivant la direction d'appariement donnée à l'itération n-1.

Les résultats précédents ont été obtenus en ne faisant pas de boucle de point fixe sur la géométrie de contact. Des résultats similaires sont obtenus avec cette boucle de point fixe. Le problème provient de la variation de la normale au cours du calcul qui n'est absolument pas pénalisée du fait de l'absence de rigidité géométrique liée à sa variation. En effet si l'on prend une écriture de la normale à la surface de contact maître du type :

$$\mathbf{n}^s = \frac{\displaystyle\sum_{n\_ma\hat{\imath}tre}\phi_j\mathbf{n}_j}{\left\|\displaystyle\sum_{n\_ma\hat{\imath}tre}\phi_j\mathbf{n}_j\right\|}$$

alors sa variation s'écrit :

$$\mathbf{n}_{,\xi}^s = \frac{\displaystyle\sum_{n\_maître} \phi_{j,\xi}\mathbf{n}_j}{\left\|\displaystyle\sum_{n\_maître} \phi_j\mathbf{n}_j\right\|} - \frac{\mathbf{n}^s \cdot \displaystyle\sum_{n\_maître} \phi_{j,\xi}\mathbf{n}_j \cdot \mathbf{n}^s}{\left\|\displaystyle\sum_{n\_maître} \phi_j\mathbf{n}_j\right\|} = \frac{\displaystyle\sum_{n\_maître} \phi_{j,\xi}\mathbf{n}_j}{\left\|\displaystyle\sum_{n\_maître} \phi_j\mathbf{n}_j\right\|}(\mathbf{Id} - \mathbf{n}^s \otimes \mathbf{n}^s)$$

Ce terme suivant la direction tangente à la normale d'appariement rigidifie toute rotation de la normale en lui associant une énergie. Ce terme absent aujourd'hui entraîne une non convergence sur la géométrie de la structure, lorsque la surface maître est déformable. C'est l'un des problèmes majeurs rencontré par cette formulation actuellement. Dans la pratique, la normale aux nœuds étant généralement lissée, les variations sont nettement plus difficiles à obtenir, mais l'idée générale est présentée. La prise en compte de ce terme est actuellement investiguée dans le cadre de la thèse de Ayaovi-Dzifa Kudawoo en partenariat avec le LMA de Marseille.

6.2 Adaptation du cadre aux éléments X-FEM

Nous évoquons ici la possibilité offerte aux éléments X-FEM de pouvoir prendre en compte de grands glissements avec dissipation en couplant la formulation X-FEM avec celle de la méthode continue présentée précédemment. Ce travail regroupe les travaux réalisés par Samuel Géniaut et Maximilien Siavelis lors de leur thèse en collaboration avec l'Ecole Centrale de Nantes, ainsi que les travaux réalisés par Ionel Nistor dans le cadre de son post-doc à l'IFP toujours en collaboration avec l'ECN. Les premiers travaux de Géniaut [63,67,71] concernaient le traitement des petits déplacements alors que les travaux plus récents de Nistor [120] et Siavelis [76,139] s'attachent au traitement du contact-frottement en grands glissements : ils reposent sur la création d'un élément fini de contact tardif X-FEM à partir de la formulation mixte déplacement-pression explicitée auparavant, sur l'utilisation d'une procédure de réactualisation géométrique un peu modifiée pour être adaptée au cadre X-FEM et sur un algorithme d'appariement des points de contact. Dans cette formulation mixte déplacements/pressions de contact, le choix des espaces de discrétisation éléments finis est guidé par le respect de la condition LBB (ou condition *inf-sup*) [7,27,28]. Nous proposions dans [67] un algorithme visant à construire un champ de multiplicateurs de Lagrange en adéquation avec le champ de déplacements. Ce même algorithme est désormais utilisé, mais les fonctions de forme support du champ de pression sont désormais les mêmes que celles du champ de déplacement [16]. La validation de cette méthodologie est ensuite présentée sur une application numérique 3D d'interface sous contact frottant avec *Code_Aster*.

6.2.1 Description élémentaire et choix d'interpolation

L'adaptation de la formulation continue au cadre X-FEM est relativement aisée. L'intersection de la discontinuité et du maillage sain définit deux séries de points de contact discrétisant la surface supérieure et inférieure de la discontinuité en des segments de contact. Une approche de type maître-esclave est choisie pour l'appariement des points de contact de part et d'autre de la discontinuité. Un point de contact esclave, rattaché à une maille esclave, est apparié avec une maille maître par projection de ce point sur le segment de contact maître en vis-à-vis. Cet appariement est décrit Figure 6.2-1, avec un élément de contact composé d'une partie esclave inférieure et d'une partie maître supérieure [120]. Les multiplicateurs de Lagrange de contact sont portés par la maille esclave. Deux distributions ont été étudiées : l'une où les multiplicateurs de Lagrange sont localisés soit aux nœuds sommet, soit au milieu des côtés intersectés par la discontinuité [67,71], l'autre où les multiplicateurs de Lagrange sont localisés uniquement aux nœuds sommet [139]. Dans le premier cas les fonctions de forme du champ de pression sont choisies sur l'interface de contact et ont pour support cette interface alors que dans le second cas les fonctions de forme sont les mêmes que celles associées aux déplacements et ont pour support la maille esclave. Cette évolution permet un passage plus aisé aux éléments d'ordre supérieur et permet de faire travailler champs de pression et de déplacement dans le même espace d'interpolation (la trace sur l'interface de contact). Elle offre de plus un cadre adapté à l'obtention de résultats mathématiques concernant la stabilité des champs solution obtenus [16].

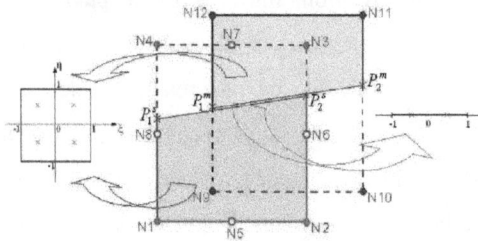

Figure 6.2-1 : interface de contact et discrétisation.

L'intégration numérique des termes de contact-frottement fait intervenir les déplacements des interfaces maître et esclave, exprimés par interpolation à partir des déplacements aux nœuds des mailles maître et esclave, ainsi que le champ de pression : pour celui-ci divers choix sont possibles. Ces choix pour l'espace d'approximation des multiplicateurs de contact et de frottement sont dictés par la satisfaction de la condition LBB [16].

La discrétisation proposée dans [69] correspondant à des champs de déplacement et de multiplicateur de Lagrange linéaires par morceau (P1-P1), n'est pas LBB stable et conduit à des oscillations des multiplicateurs de Lagrange. D'autres choix d'espaces éléments finis ont été proposés par [119] dans le cadre de l'imposition de conditions de Dirichlet sur une interface avec X-FEM, mais leur formulation n'est pas stable dans tous les cas (notamment lorsque l'interface se rapproche du bord des éléments). Une solution plus convaincante a été proposée par [116], qui construit l'espace des multiplicateurs de Lagrange avec un algorithme de sélection des nœuds associé à l'existence d'arêtes qualifiées de vitales dont on donne la définition Figure 6.2-2. Partant d'une approche P1-P1, où l'interpolation des champs de déplacement et de pression n'est pas forcément identique sur l'interface de contact, l'algorithme réduit l'espace des multiplicateurs de Lagrange en imposant des relations de liaison entre multiplicateurs. Ces relations sont soit des relations d'égalité, soit des relations linéaires. En adaptant l'algorithme au cas de l'imposition de conditions de contact, nous avons constaté qu'il avait tendance à imposer plus de relations d'égalité que de relations linéaires, ce qui appauvrit fortement l'approximation de départ. Nous avons alors proposé une amélioration de cet algorithme, visant à imposer majoritairement des relations linéaires entre les multiplicateurs, détaillée et validée dans [71]. L'algorithme peut être résumé de la manière suivante Figure 6.2-2 pour des éléments linéaires :

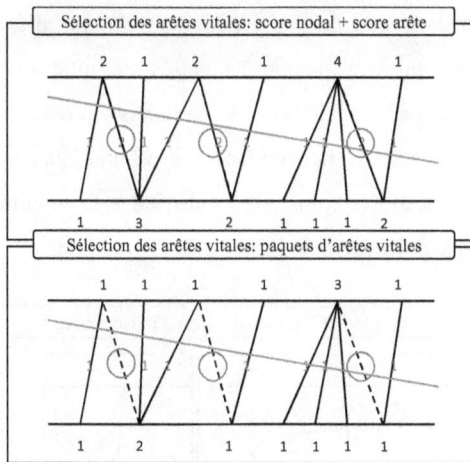

Figure 6.2-2 : algorithme de définition des 5 paquets d'arêtes vitales sur lesquels on impose des Lagrange de pression de contact identiques. Entre ces paquets, via les arêtes non vitales en pointillés sont imposés des relations linéaires via les interpolations éléments finis.

1. pour chaque nœud, établir le score des arêtes coupées par l'interface contenant ce nœud,
2. pour chaque arête, déterminer son score comme étant le minimum du score de ses nœuds sommets,
3. sélectionner l'arête de plus grand score, la supprimer et recommencer en 1. Si deux arêtes de même plus grand score >1 sont connectées à un même nœud en supprimer une arbitrairement.
4. arrêter l'algorithme quand il ne reste plus que des arêtes ayant comme score 1 : ces dernières sont qualifiées de vitales. Celles-ci sont alors soient indépendantes, soient elles forment des paquets ayant un nœud en commun. Dans ce cas là, tous les multiplicateurs d'un paquet sont

identiques entre eux ce qui génère les relations d'égalité. Les relations linéaires apparaissent lorsque des arêtes non vitales connectent entre eux des paquets d'arêtes vitales. On peut alors montrer que le nombre de Lagrange de pression indépendants correspond à la somme sur l'ensemble des groupes d'arêtes connectées entre elles du minimum du nombre de nœuds de part et d'autre de l'interface.

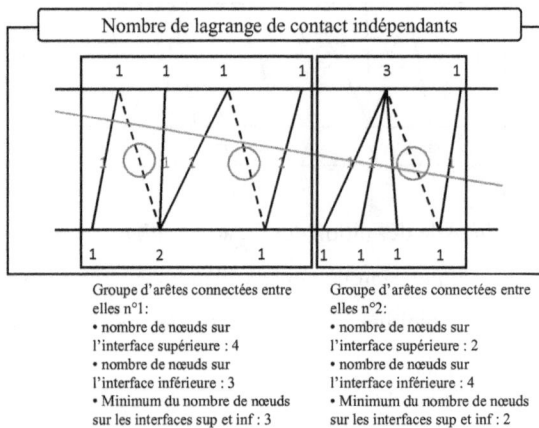

Nombre de lagrange de contacts indépendants : 3+2 = 5

Figure 6.2-3 : détermination simple du nombre de Lagrange de contacts indépendants pour des éléments linéaires.

Pour les éléments quadratiques, une première approche intuitive [31], mais sous-optimale en terme de convergence (voir Figure 6.2-4), car imposant trop de relations d'égalité, a été mise en place reposant sur le même algorithme de sélection des arêtes vitales avec égalité des multiplicateurs sur les arêtes vitales et égalité des multiplicateurs restant au sein des éléments faisant la jonctions entre les groupes d'arêtes connectées entre elles. Cette approche conduit à un nombre de

Lagrange de contacts indépendants correspondant à la somme sur l'ensemble des groupes d'arêtes connectées entre elles du minimum du nombre de nœuds de part et d'autre de l'interface augmenté du nombre de groupes d'arêtes connectées entre elles moins un (5+3+2-1=9 dans le cas illustratif de la Figure 6.2-3, mais pour des éléments quadratiques). Des choix plus optimaux pour retrouver les résultats théoriques de convergence standard [144] seront recherchés dans le cadre de la thèse CIFRE de Guilhem Ferté, en collaboration avec l'ECN.

Si dans [71] on a utilisé une vérification numérique de ce test issue des travaux de [33], la méthode décrite dans [139] repose sur les travaux analytiques plus récents de [16] visant à prendre des interpolations identiques des champs de déplacement et de pression au niveau de l'interface de contact, correspondant à la trace des interpolations nodales sur l'interface de contact. On a donc proposé dans [139] une évolution de l'algorithme de Code_Aster, consistant à adopter un schéma d'interpolation nodale sur le modèle de [16] avec une distribution des multiplicateurs de contact aux nœuds des éléments, dont l'espace est ensuite réduit, en imposant l'égalité des multiplicateurs sur les arêtes vitales, l'algorithme de sélection de ces arêtes restant quant à lui inchangé [71]. On montre sur la Figure 6.2-4 ci-dessous que les ordres de convergence associés sont ceux attendus, par rapport aux ordres théoriques, pour les éléments linéaires, mais qu'un effort reste à faire pour les éléments quadratiques avec une convergence en deçà de l'ordre souhaité.

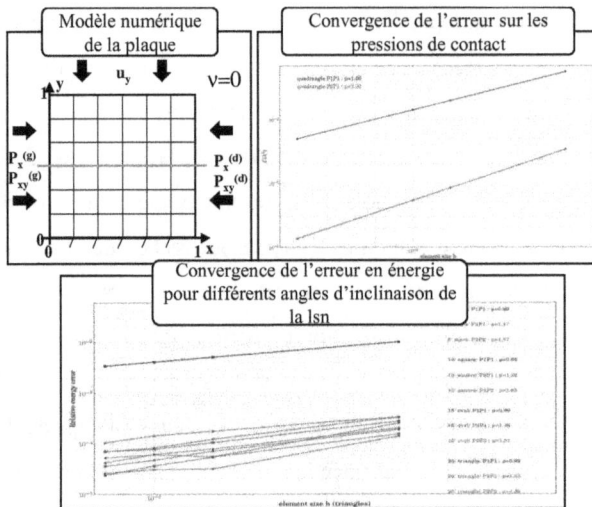

Figure 6.2-4 : ordres de convergence des solutions avec contact pour une interface droite (en haut) et une interface penchée (en bas) pour des éléments P1(déplacement)-P1(pression) et P2(déplacement)-P1(pression). La solution en pression est cherchée en dehors de l'approximation élément fini. En haut, on récupère, pour une interface droite un ordre de convergence de 1,5 sur la pression pour les éléments P1-P1 et de 2 pour les éléments P2-P1. Les valeurs théoriques attendues sont de 1 et 2 respectivement, avec une légère supra-convergence dans le cas des éléments linéaires. Pour les éléments triangles avec interface penchée, si on récupère bien un ordre de 1, quel que soit l'angle de l'interface, pour les éléments P1-P1, en revanche avec les éléments P2-P1 l'ordre de 2 attendu n'est pas obtenu et les valeurs situées entre 1 et 1,6 dépendent de l'inclinaison de l'interface. Si le nombre de multiplicateurs de Lagrange déterminé Figure 6.2-4 semble optimal dans le cas des éléments linéaires, il semble sous-optimal dans le cas des éléments quadratiques.

D'autres travaux sur le contact-frottement avec X-FEM existent dans la littérature. Ils reposent soit sur une pénalisation des conditions de contact frottement [45,90,96,97] soit sur l'utilisation de multiplicateurs de Lagrange [16,44,116,119,125,3]. Nous pouvons montrer aisément que les méthodes pénalisées sont elles-aussi sensibles au problème de la LBB, ce qui est d'ailleurs relevé par [97,135], qui proposent une méthode de stabilisation relativement facile à mettre en œuvre pour des éléments triangles ou tétraèdres pour laquelle ils ont cependant besoin d'ajuster le coefficient de stabilisation. Une utilisation de la pénalisation avec notre algorithme de choix des arêtes vitales permet de résoudre le problème, sans avoir d'ajustement de coefficient à faire, indépendamment du type d'élément fini et sans rajout de termes supplémentaires dans la matrice de rigidité. Dans le cas de multiplicateurs de Lagrange seuls les auteurs de [125,133,134] ne font pas appel à un algorithme de réduction de l'espace des multiplicateurs de Lagrange ou un algorithme d'augmentation de l'espace des déplacements : un champ de déplacement supplémentaire est ajouté au niveau des lèvres de la fissure et on assure l'égalité au sens faible entre ce champ de déplacement et celui de l'élément X-FEM classique. C'est selon les auteurs ce qui permet de stabiliser le champ de pression et d'intégrer aussi finement que souhaité sur la surface de contact. En revanche, en n'ajoutant pas de champ de déplacement supplémentaire mais en augmentant légèrement le nombre de degrés de liberté de déplacement les auteurs de [44,119,135] font appel à des fonctions bulle d'augmentation du champ de déplacement localement à un élément. Un coefficient de stabilisation apparaît, qui est calculé automatiquement : cette stabilisation est d'autant moins efficace que la discontinuité est près d'un bord de l'élément, même si [44] propose une amélioration par rapport à [119]. Dans [119,135], on fait le lien entre cette méthode de stabilisation par bulles et une extension de la méthode de Nitsche à ce type de problème, la méthode de Nitsche permettant originellement d'imposer des

159/197

conditions aux limites de manière faible [122]. La méthode de Nitsche, très bien décrite dans [135] fait elle aussi apparaître un coefficient de stabilisation pour lequel la forme bilinéaire associée à la formulation faible du problème d'équilibre reste définie positive si ce coefficient est supérieur à une valeur minimale [75,135]. Une équivalence entre la méthode de Nitsche et celle des fonctions bulle, quant à la détermination du coefficient de stabilisation, est proposée dans [135], le coefficient de stabilisation de [135] étant local l'élément. A noter un papier très récent dans le domaine [3] qui propose une méthode de stabilisation sans modifier les espaces de discrétisation en déplacements ou en pressions, en rajoutant un terme de stabilisation supplémentaire dans la formulation faible du problème. Cette méthode de stabilisation a d'abord été développée dans un cadre FEM [81] pour le traitement du contact. L'avantage est que les espaces de discrétisation en déplacements et en pressions peuvent alors être choisis indépendamment l'un de l'autre. On peut ainsi utiliser dans le cas du contact FEM un champ P1 en déplacement et P2 en pression, avec une convergence quadratique en déplacement, linéaire en énergie et en pression [81]. Dans le cas X-FEM l'approche P1-P1 stabilisée redonne une convergence quadratique en déplacement, linéaire en énergie et en pression [3].

6.2.2 Validation et exemples numériques

Un exemple 3D d'interface avec contact frottant est présenté ici, avec une zone de décollement, une zone de contact glissant et une zone de contact adhérent. Il s'agit d'un bloc parallélépipédique de taille 1x20x20m, coupé par une fissure plane donnée par sa normale [1/18,1/20 ,1] et un point [0,10,9.5]. La condition LBB est assurée par l'activation de l'algorithme de la section précédente. De part et d'autre de la surface de discontinuité, on trouve deux matériaux dont l'un est plus rigide que l'autre. Les caractéristiques matériaux pour la partie supérieure sont un module d'Young E1 valant 0,8 10^{11} N/m² et un coefficient de poisson v1 nul alors que celles pour la partie inférieure sont un module d'Young E2 valant 10^{16} N/m² et un coefficient de poisson v2 nul. La face inférieure du bloc est maintenue fixe. Une pression F1 de 5 daN/mm² est appliquée sur les faces latérales supérieures, à une distance de 1m de la fissure, et une pression F2 de 15 daN/mm² sur sa surface latérale au dessus de la discontinuité. Le coefficient de frottement vaut 1 au niveau de l'interface de contact. La géométrie et les maillages sont donnés figure 2.

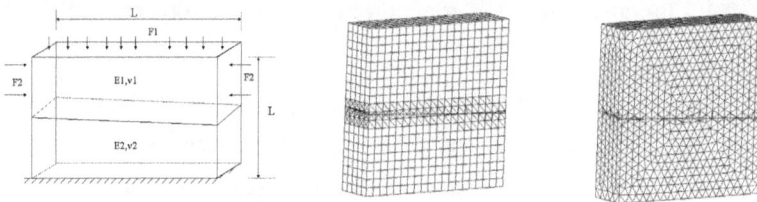

Figure 6.2-5 : géométrie et maillages du bloc 3D.

L'interface de discontinuité est représentée par une level set inclinée. On compare la solution X-FEM par rapport à une solution FEM où l'interface serait conforme au maillage. On regarde l'évolution de la pression de contact sur l'interface pour les lignes X=0 et X=5. Les résultats sont donnés Figure 6.2-6, avec une bonne correspondance entre X-FEM et FEM :

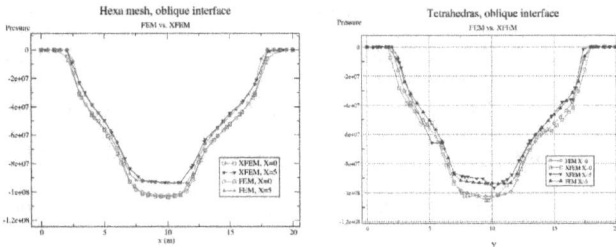

Figure 6.2-6 : comparaison de la pression de contact sur l'interface (en X=0, et en X=5).

6.2.3 Limitations actuelles et perspectives pour le contact avec X-FEM

Certaines perspectives et limitations sont communes et donc mutualisables avec le traitement des interfaces hors cadre X-FEM, notamment sur les schémas d'intégration et la prise en compte de la variation géométrique de la normale. Afin d'améliorer la qualité des résultats et l'extension du cadre X-FEM aux éléments cohésifs, avec l'avantage de ne pas avoir à connaître a priori la position de l'interface, l'extension aux éléments quadratiques est en cours. Des premiers résultats encourageants montrent que l'utilisation d'un champ de déplacement P2 associé à un champ de pression P1 ou P2 réduit de façon drastique les oscillations résiduelles liées à la méthode de stabilisation via l'algorithme de choix sélectif des multiplicateurs de Lagrange de contact actifs, même si une extension directe de cet algorithme au quadratique ne donne pas les résultats escomptés en terme de convergence [31]. Le fait de disposer d'éléments P2(déplacements)-P1(Pression) est par ailleurs particulièrement intéressant pour disposer d'éléments avec des lois cohésives non régularisées et pouvant décrire plusieurs états (contact, adhérence, endommagement, décharge, etc.) [100].

7 CONCLUSION

7.1 Synthèse

7.1.1 Résultats obtenus

L'approche X-FEM « classique » repose sur deux ingrédients :

- l'introduction au sein d'une formulation élément fini standard de degrés de liberté supplémentaires pour pouvoir représenter une discontinuité localisée arbitrairement au sein de l'élément fini,

- la possibilité de localiser géographiquement ce défaut via des courbes de niveau qui représentent la distance au défaut, en utilisant la même interpolation que celle du champ de déplacement de l'élément fini défini précédemment.

De part sa souplesse, cette approche permet de bien répondre aux problèmes industriels de propagation de défauts évoqués au §2, notamment ceux qui concernent la fatigue en mode mixte pour peu que la surface du défaut reste continue. Même si théoriquement, on montre qu'il est possible de pouvoir représenter une bifurcation de fissure proche de 90°, nous ne sommes pas sûr que la méthode X-FEM soit à même de pouvoir être utilisée pour représenter un profil en toit d'usine avec un profil de fissuration non lisse, avec les techniques de propagation actuelles dont une partie reste implicite. En outre les mécanismes de re-fermeture habituels en fatigue peuvent être modélisés en adaptant la formulation X-FEM au cadre général de modélisation des interfaces développé au §6. L'énorme avantage de l'approche est alors de pouvoir insérer le défaut dans la structure saine, sans qu'il soit nécessaire de retoucher au maillage de départ, et de pouvoir retrouver les ordres de convergence par rapport au maillage de la solution sans défaut, ce qui ne peut être obtenu avec les techniques d'insertion de blocs fissurés avec éléments de Barsoum utilisées habituellement. Ensuite des séquences de propagation peuvent être gérées automatiquement par les algorithmes de propagation de la surface de défaut présentés au §5.

Méthodologie X-FEM

Concernant la méthodologie X-FEM, elle-même, nous avons développé des éléments linéaires capables de modéliser une fissure et sa singularité en pointe de fissure, qui peuvent être aussi précis que des éléments classiques quadratiques mais moins que des éléments de Barsoum, avec un enrichissement topologique. Un enrichissement géométrique autour de la pointe de fissure pour le traitement de la singularité accélère la convergence et permet de retrouver les ordres de convergence théoriques de la méthode FEM sans fissure, mais dégrade alors le conditionnement de la matrice de rigidité sans action spécifique. Du coup avec enrichissement géométrique la méthode X-FEM avec éléments linéaires finit par atteindre la précision de la méthode FEM avec éléments de Barsoum.

Exploitation des informations en fond de fissure

Les facteurs d'intensité des contraintes en pointe de fissure, déterminés à partir de la méthode G-thêta, s'ils semblent corrects à l'intérieur de la zone fissurée, ne nous donnent pas encore complète satisfaction sur la peau de la structure. Ceci est aussi bien vrai en FEM qu'en X-FEM.

Fermeture des fissures

Un cadre théorique et numérique général, valable en statique et en dynamique, a été exposé pour prendre en compte les effets intervenant lors de la re-fermeture des fissures. Le traitement du contact paraît actuellement le plus sûr et robuste dans le cas d'un déplacement relatif des surfaces de contact réduit si l'on utilise les schémas d'intégration aux nœuds de Code_Aster. Si les surfaces de contact en vis-à-vis changent beaucoup on conseille d'utiliser des schémas d'intégration d'ordres plus élevés avec raffinement de maillage. Ce cadre a pu aisément être étendu aux éléments X-FEM, avec la mise en place d'un algorithme de liaison entre les multiplicateurs de Lagrange afin de satisfaire la condition LBB. Cet algorithme permet de retrouver l'ordre de convergence attendu.

Méthodologies de calcul d'avancée de défauts en fatigue

Nous avons pu montrer au §2 de notre document l'apport de la méthode par rapport à une gestion historique de l'analyse de la propagation de défauts, basée sur un recouvrement de l'espace par un ensemble de configurations possibles entre lesquelles on interpolait les résultats afin d'en déduire une évolution continue probable des défauts. Désormais une évolution déterministe du profil de fissuration peut être obtenue par nos outils comme illustré au §5. Trois méthodes de propagation ont été testées : une méthode recourant à un maillage de la fissure, indépendant de la structure dans laquelle elle se trouve, que l'on propage de manière géométrique, et deux autres méthodes gérant la propagation de la surface fissurée par des équations différentielles résolues numériquement. La première méthode, qui est la plus intuitive, doit devenir plus robuste. La méthode utilisant une grille auxiliaire de propagation est celle que nous recommandons pour le moment.

7.1.2 Eléments de discussion

Un certain nombre d'études industrielles ont été données en référence aux §2 et §5 de façon à montrer comment l'outil est déjà utilisé à l'ingénierie. Le fait que de multiples codes de calcul de recherche ou commerciaux comme Abaqus, Ansys, Samcef, Oofelie, Zebulon, Europlexus, Radioss, Cast3M, getfem++, xfem++, openxfem++ se soient approprié la méthodologie et l'aient intégré directement ou sous forme de plugins montre que la communauté des utilisateurs touche désormais le milieu industriel et que nous pouvons partager avec d'autres des éléments de retour d'expérience.

Traitement du contact

De nombreux travaux restent à réaliser pour que Code_Aster puisse traiter correctement le contact-frottement en grands glissements. Ces travaux concernent :

- les schémas d'intégration numérique des termes de contact et de frottement dans les équations d'équilibre du code. Ils doivent être revus en utilisant une intégration adaptative avec des sous-maillages conformes entre les surfaces maître et les surfaces esclaves, si l'on veut optimiser les performances. On montre notamment que pour obtenir des résultats satisfaisants (quelques pourcents d'erreur en pression) pour des maillages des surfaces en vis-à-vis non conformes il faut recourir à des schémas de Gauss (>9) ou de Simpson d'ordre très élevés (>3), quel que soit le degré de raffinement du maillage, notamment lorsque les surfaces en vis-à-vis sont courbes. Ce résultat est d'autant plus intéressant que le schéma d'intégration par défaut de code_aster est un schéma nodal que l'on met en défaut avec les éléments linéaires lorsque les géométries en vis-à-vis ne sont pas maillées de la même manière et en défaut avec les éléments quadratiques dans toutes les situations ;

- la mise en place d'une intégration nodale des équations de contact et de frottement afin d'assurer la compatibilité entre le statut contactant ou non contactant au nœud et la valeur de la pression ou du jeu en ce même nœud.

A défaut on utilisera les valeurs moyennes du jeu et de la pression pour déterminer le statut contactant ou non contactant d'un élément fini de contact. Un avantage supplémentaire de cette intégration nodale est alors de pouvoir traiter facilement les conditions redondantes avec les conditions aux limites ou les conditions de raccordement de maillage [155], ce qui n'est actuellement pas possible avec les schémas n'utilisant pas les nœuds comme support ;

- la prise en compte d'une rigidité associée à la variation de géométrie de la surface maître notamment, lors des itérations de l'algorithme de Newton, dans le cas de contact entre solides déformables.

Les travaux devront être réalisés à la fois pour les formulations FEM et X-FEM. Dans le cadre X-FEM, il faudra rajouter le travail sur la satisfaction de la condition LBB pour les éléments quadratiques. Les premiers résultats montrent que l'on n'est pas optimal sur l'ordre de convergence par rapport à la taille de maillage.

Evolutions sur les éléments X-FEM

Pour des fissures débouchant en peau de structure, la singularité n'est plus de la même forme que pour que la fissure à cœur. Il en résulte que les facteurs d'intensité des contraintes calculés sur la base d'une singularité standard deviennent nuls. Pour retrouver le bon ordre de singularité, la fissure ne doit plus déboucher normalement à la surface libre mais en étant inclinée par rapport à sa normale. Cependant, dans ce cas, la méthode de calcul G-thêta n'est plus correcte car elle suppose une propagation de la fissure normale au fond de fissure. Des pistes seront étudiées sur l'exploitation des contraintes locales en pointe de fissure, plutôt que sur l'exploitation d'intégrales de domaines.

Sur l'aspect pré-conditionnement, peu de travaux ont été réalisés à ce jour dans Code_Aster. Pour les degrés de liberté de discontinuité, Samuel Géniaut [63,67] a mis en place le fit to vertex qui permet de réajuster géométriquement les fonctions de niveau lorsqu'elles passent trop près des nœuds et de les faire passer aux nœuds : ce critère géométrique est généralement suffisant en 2D, sauf dans le cas des jonctions pour les éléments X-FEM et des éléments 3D hexaèdres. Il a donc rajouté une méthode d'élimination complémentaire des degrés de liberté de Heaviside lorsque dans un élément la zone du support d'un nœud associé à une valeur de la fonction Heaviside est petite devant le support de élément que Maximilien Siavelis a amélioré [138] en étendant à l'ensemble du support du nœud [68], en faisant évoluer le critère volumique de [38]. Pour la singularité en pointe de fissure, une mise en place de la technique [93] serait aujourd'hui prioritaire, pour les éléments X-FEM quadratiques, notamment, associée avec un choix de fonctions de forme linéaires (dans un premier temps) pour les degrés de liberté avec enrichissement asymptotique. Cet aspect sera regardé dans le cadre d'une thèse sur le développement d'éléments X-FEM quadratiques. On travaillera à la fois sur la réduction du nombre de degrés de liberté comme dans [93] ainsi que sur des pré-conditionnements spécifiques [15].

On vérifiera aussi si le passage aux éléments quadratiques X-FEM permet de devenir compétitif par rapport à l'approche FEM avec Barsoum, puisque la convergence en énergie redevient optimale pour XFEM avec un enrichissement géométrique (h en linéaire, h^2 en quadratique) mais reste limitée en FEM Barsoum à $h^{1/2}$. On regardera aussi les convergences sur les valeurs des facteurs d'intensité des contraintes entre les approches FEM Barsoum et X-FEM pour vérifier l'influence des techniques d'intégration en pointe de fissure, notamment en 3D. L'intérêt serait de positionner l'approche X-FEM par rapport aux techniques de remaillage, sachant que l'on préconiserait plutôt d'utiliser le remaillage en pointe de fissure de façon à obtenir la meilleure qualité de résultats possibles, mais de l'associer à X-FEM de façon à avoir les meilleurs ordres de convergence possibles.

Un autre avantage résiderait dans la possibilité de sous-découper les mailles de façon adaptative avec l'outil Homard[2] comme nous avons pu le faire dans [36] plutôt que d'utiliser des techniques de remaillage respectant la géométrie de la fissure [34].

Propagations de fissures en fatigue
Si la faisabilité de la propagation de fissure via X-FEM est démontrée en mode mixte, il reste désormais à poursuivre la validation par rapport à des résultats expérimentaux. Des lois de fatigue plus physiques doivent être obtenues, mais cela reste un point dur : souvent la compréhension des mécanismes physiques de dégradation n'est que partiellement connue, associée à une connaissance imparfaite des chargements avec une réelle difficulté dans la transposition entre maquettes ou essais expérimentaux et configuration réelle sur structure industrielle. Pour nos matériels, les cinétiques de propagation obtenues doivent souvent en ultime recours être recalées par rapport à un retour d'expérience sur site comme dans le cas de [5]. Par ailleurs, les lois de fatigue exhibent une très grande sensibilité aux quantités calculées en fond de fissure : une petite erreur sur l'estimation des facteurs d'intensité des contraintes est amplifiée par des lois puissance ce qui peut entraîner une dispersion importante sur l'estimation de la durée de vie résiduelle d'un composant. Dans des cas plus prospectifs, les cinétiques devront d'abord être obtenues à l'aide de programmes expérimentaux dédiés, comme celui engagé pour obtenir des cinétiques en plasticité non confinée afin de progresser sur la modélisation dans des conditions expérimentales contrôlées. On retournera alors vers la configuration réelle pour recaler sur des éléments de retour d'expérience.

---

[2] Le logiciel Homard est un logiciel libre qui fait partie de l'ensemble des moyens logiciels mis à disposition avec Code_Aster. Pour plus d'informations sur cet outil, voir http://www.code-aster.org/outils/homard

Prise en compte de comportements non linéaires avec propagation

C'est certainement l'un des facteurs limitant actuellement dans l'utilisation de l'approche X-FEM. Lors de la propagation le trajet de fissuration modifie la forme des sous-éléments d'intégration utilisés avant que la fissure ne les traverse, ce qui change la répartition des points de gauss au sein des éléments X-FEM. Certains auteurs [53], afin de ne pas introduire ou dissiper d'énergie dans le cadre de la propagation dynamique de défauts en milieu élasto-plastique proposent d'utiliser une répartition fixe et fine de ces points de gauss (256 sur un quadrangle en 2D, répartis en 16 points de gauss sur 16 sous-quadrangles). Le désavantage de cette approche est qu'il faut déjà connaître la zone dans laquelle la fissure va se développer de façon à pénaliser le moins possible le calcul avec la multiplication des points de gauss et qu'elle semble difficile à mettre en œuvre en 3D pour des raisons de performance. On préfèrera donc évaluer des méthodes de type transfert de champs entre maillages [25] en évaluant les perturbations qu'elles apportent par rapport à l'approche précédente, ce qui permettra d'évaluer si elles répondent à nos besoins pour nos études. En outre, en présence de plasticité, la méthode d'élimination des sous-éléments proposée par Ventura [154], pour se ramener à des intégrales continues sur les éléments X-FEM entiers, dans le cas d'un enrichissement avec saut Heaviside, sera aussi évaluée pour voir son impact sur les ordres de convergence des solutions.

7.2 Programme de recherche

Le projet de recherche à 4 ans s'inscrit dans la continuité des activités précédemment décrites. Il portera donc à la fois sur un suivi d'activités en terme d'algorithmie autour du contact-frottement et plus généralement de lois d'interface ainsi que sur la poursuite du développement des éléments X-FEM dans Code_Aster. Afin de consolider ces activités, un certain nombre de thèses ont déjà été lancées pour lesquelles on assurera un encadrement.

Sur la modélisation du contact

Sur la thématique des lois d'interface, le poids doit être mis sur un traitement correct des intégrations numériques, avec une intégration adaptative par sous-éléments de façon à pouvoir intégrer des fonctions de forme continues par support, si l'on ne souhaite pas utiliser des schémas d'ordres trop élevés (Gauss ou Simpson). Ce traitement vaut pour les termes de contact et de frottement participant à l'équilibre de la structure. Pour les équations de contact et de frottement, on a vu qu'il fallait conserver une intégration nodale qui permet de savoir si l'information obtenue aux nœuds du maillage est cohérente ou non (déplacement nul si contact, pression nulle si pas de contact). Il ne faut pas se cacher que ces travaux sont conséquents et nécessitent une implication forte de l'équipe de développement de Code_Aster. La difficulté essentielle provient du fait que les éléments finis de contact implantés dans Code_Aster associent un point d'intégration de contact esclave à un élément maître, alors que l'on aurait souhaité une structuration associant un élément esclave à un élément maître, de façon à pouvoir être libre dans le choix des intégrations sur l'élément esclave, notamment si l'on doit faire des sous-découpages.

Ces travaux sont complétés de la participation au suivi de la thèse de Ayaovi-Dzifa Kudawoo en collaboration avec le professeur Frédéric Lebon du LMA sur la partie fiabilité et robustesse des algorithmes de contact-frottement développés avec Hachmi Ben Dhia, thèse qui a débuté en novembre 2009. Le but des travaux est d'améliorer les performances actuelles en améliorant le traitement des non linéarités de contact (3 boucles imbriquées sur la géométrie, le frottement, le contact et le matériau). On s'autorisera désormais à traiter l'ensemble des non linéarités dans la même boucle de résolution de Newton et à fiabiliser la partie réactualisation géométrique de l'algorithme qui pose actuellement le plus de problème, conduisant à des oscillations sur des configurations géométriques distinctes d'appariement des situations de contact, pour des solides en contact tous déformables.

Eléments finis X-FEM

Le travail sur le traitement du contact devra être étendu aux éléments X-FEM grands glissements développés en collaboration avec IFP. Il devrait être plus facile que pour le contact seul dans la mesure où la programmation du contact pour les éléments X-FEM a donné lieu à la création de véritables éléments finis de contact esclave maître qui permettent les sous-découpages.

Une extension de l'ensemble des éléments finis X-FEM au quadratique a été engagée dans le cadre de la première année de thèse d'Axelle Caron sous la codirection de Nicolas Moës de l'ECN, démarrée au 1er avril 2010 mais arrêtée en mai 2011, après un stage de fin d'étude dont les premiers résultats encourageant montraient une réduction importante des oscillations sur les pressions de contact, par rapport à des éléments finis linéaires du même type. Par ailleurs, les éléments quadratiques sont souvent utilisés en mécanique de la rupture afin d'augmenter la qualité des résultats. Différents types d'éléments finis quadratiques (P2 en déplacements, mais P1 ou P2 en pression) seront évalués dans le cadre de cette thèse afin d'étayer notre choix final et de déterminer les éléments à conserver dans Code_Aster. Des premiers résultats encourageants montrent que l'utilisation d'un champ de déplacement P2 associé à un champ de pression P1 ou P2 réduit de façon drastique les oscillations de pression liées à la satisfaction de la condition LBB. Enfin, la mise à disposition dans Code_Aster de ce type d'éléments finis permet aussi l'utilisation de ces éléments dans un cadre cohésif, pour des applications en fatigue ou en propagation fragile, avec l'avantage de ne pas avoir à connaître a priori la position de l'interface. Des premiers développements réalisés sur une formulation explicite de la loi de comportement cohésive à partir de la cinématique ont permis le développement dans Code_Aster d'éléments cohésifs pénalisés P1. On vise désormais un traitement sans pénalisation, plus robuste numériquement, s'inspirant des travaux d'Eric Lorentz, avec des éléments P2 en déplacements, P1 en pression auxquels on rajoute une inconnue représentant le saut de déplacement P1 discontinue. La loi cohésive n'est alors plus directement écrite au niveau de l'interface en fonction du saut du champ de déplacement P2, mais en fonction du saut de déplacement P1 discontinu, les deux sauts de déplacement étant égaux de manière faible au niveau de l'interface. A terme on souhaite ainsi pouvoir réutiliser dans le cadre X-FEM l'ensemble des lois cohésives non régularisées déjà implantées dans Code_Aster. Ces travaux seront réalisés dans le cadre de la thèse de Guilhem Ferté qui démarrera en septembre 2011, sous la codirection de Nicolas Moës de l'ECN.

Propagation de fissures

Sur l'aspect propagation de fissure, notamment en fatigue, une collaboration est en cours avec Véronique Doquet du LMS de l'Ecole Polytechnique concernant la thèse de Jean-Baptiste Esnault débutée en octobre 2010 et portant sur la possibilité de simuler numériquement avec Code_Aster le développement en fatigue d'une fissure partiellement déversée dans une tôle mince à partir de résultats expérimentaux 3D. Cette thèse devrait permettre d'apporter des améliorations aux travaux réalisés avec Daniele Colombo dans ce domaine et de pouvoir mettre en place une méthodologie allant des mesures expérimentales à la simulation numérique pour ce type de fissure. Les ingrédients nouveaux à prendre en compte seront la prise en compte de la plasticité et le choix du critère de propagation en pointe de fissure, avec une évaluation de critères locaux par rapport à des critères plus globaux.

8 REFERENCES

1. D. Adalsteinsson, J.A. Sethian. A fast level set method for propagating interfaces. *Journal of Computational Physics, Vol. 118, Pages 269-277, 1995.*

2. P. Alart, A. Curnier. A mixed formulation for frictional contact problems prone to Newton like solution methods. *Comp. Meth. Appl. Meth. Engng., Vol. 92, Pages 353-375, 1991.*

3. S. Amdouni, P. Hild, V. Lleras, M. Moakher, Y. Renard. A stabilized Lagrange multiplier method for the enriched finite element approximation of contact problems of cracked elastic bodies, en cours de soumission.

4. H. Andriambololona, D. Bosselut, P. Massin. Methodology for a numerical simulation of an insertion or a drop of the rod cluster control assembly in a PWR; *Nuclear Engineering and Design, Vol. 237, Pages 600-606, 2007.*

5. B. Andrier, E. Garbay, F. Hasnaoui, P. Massin and P. Verrier. Investigation of helix-shaped and transverse crack propagation in rotor shafts based on disk shrunk technology; *Nuclear Engineering and Design, Vol. 236, Issue 4, Pages 333-349, February 2006.*

6. J.F. Archard. Contact and rubbing of flat surfaces, *J. Appl. Phys., Vol. 24, Pages 981-988, 1953.*

7. I. Babuška. The finite element method with lagrangian multipliers. *Numer.*

Math., Vol.20, n°3, pages 179-192, 1973.

8. A. Bakker. Three dimensional constraint effects on stress intensity distributions in plate geometries with through thicknesses cracks. *Fatigue Fract. Engng. Mater. Struct., Vol.15, n°11, Pages 1051-1069, 1992.*

9. A. Bakker. On local energy release rates calculated by the virtual crack extension method. *Int. J. Frac., Vol.13, Pages 85-89, 1983.*

10. R.S. Barsoum. Application of quadratic isoparametric finite elements in linear fracture mechanics, *Int. J. Fracture, Vol. 10, Pages 603-605, 1974.*

11. T.J. Barth, J.A. Sethian. Numerical schemes for the Hamilton-Jacobi and Level Set equations on triangulated domains. *Journal of Computational Physics, Vol. 145, Pages 1-40, 1998.*

12. C. Bathias, J.P. Baïlon. La fatigue des matériaux et des structures. 2ème *édition revue et augmentée. Editions Hermès, Paris, 1997.*

13. M. Baydoun, T.P. Fries. Crack propagation with the extended finite element method and a hybrid explicit-implicit crack description. *Int. J. Numer. Meth. Engng., DOI: 10.1002/nme.3299, 2011.*

14. Z.P. Bazant, L.P. Estenssoro. Surface singularity and crack propagation. Int. J. Solids Struct., Vol.15, Pages 405-426, 1979.

15. E. Béchet, H. Minnebo, N. Moës, B. Burgardt. Improved implementation and

robustness study of the X-FEM for stress analysis around cracks. *International Journal for Numerical Methods in Engineering, Vol.64, Pages 1033-1056, 2005.*

16. E. Béchet, N. Moës, B. Wohlmuth,. A stable lagrange multiplier space for stiff interface conditions within the extended finite element method, *Int. J. Numer. Meth. Engng., Vol. 78, Pages 931-954, 2009.*

17. T. Belytschko, T. Black. Elastic crack growth in finite elements with minimal remeshing. *International Journal for Numerical Methods in Engineering, Vol.45, Pages 601-620, 1999.*

18. T. Belytschko, N. Moës, S. Usui, C. Parimi. Arbitrary discontinuities in finite elements. *International Journal for Numerical Methods in Engineering, vol. 50, pp. 993-1013, 2001.*

19. H. Ben Dhia, M. Torkhani. Modeling and computation of fretting wear of structures under sharp contact, *International Journal for Numerical Methods in Engineering, Vol. 85, pp. 61-83, 2011.*

20. H. Ben Dhia, M. Kham, P. Massin, M. Torkhani. Un cadre général pour le traitement des problèmes d'interface. *Actes du 9eme Colloque National en calcul des Structures, Giens 25-29 mai 2009 Vol. 2, pages 635-640, 2009.*

21. H. Ben Dhia, C. Zammali. Level-Sets fields, placement and velocity based formulations of contact-impact problems, *International Journal for Numerical Methods in Engineering, Vol. 69, 2711-2735, 2007.*

22. H. Ben Dhia, M. Zarroug. Hybrid frictional contact particle-in elements, *Revue Européenne des Éléments Finis, vol. 9, Pages 417-430, 2002.*

23. J.P. Benthem. States of stress at the vertex of a quarter-infinite crack in a half-space. Int. J. Solids Struct., Vol.13, Pages 479-492, 1977.

24. J.P. Benthem. The quarter-infinite crack in a half-space; alternative and additional solutions. Int. J. Solids Struct., Vol.16, Pages 119-130, 1980.

25. A. Bérard. Transferts de champs entre maillages de types éléments finis et applications numériques en mécanique non linéaire des structures. *Thèse de doctorat de l'Université de Franche-Comté, 2011.*

26. T.N. Bittencourt, P.A. Wawrzynek, A.R. Ingraffea, J.L. Sousa. Quasi automatic simulation of crack propagation for 2D LEFM problems, *Eng. Fracture Mechanics, Vol.55, Pages 321-334, 1996.*

27. F. Brezzi. A discourse on the stability conditions for mixed finite element formulations. Comput. Methods Appl. Mech. Engrg., Vol. 82, Pages 27-57, 1990.

28. F. Brezzi, M. Fortin. Mixed and hybrid finite element methods, *Springer – Verlag, 1991.*

29. D. Broek. Elementary Engineering Fracture Mechanics. *Martinus Nijhoff Publishers, 1982.*

30. H. Burlet, S. Vasseur, J. Besson and A. Pineau. Crack growth behaviour in a thermal fatigue test. Experiments and calculations. Fatigue Fract. Engn. Mater. Struct., Vol.12, pages 123-133, 1989.

31. A. Caron, P. Massin, N. Moës. Eléments X-FEM quadratiques en contact frottant. *Actes du 10eme Colloque National en calcul des Structures, Giens 9-13 mai 2011, 8 pages, 2011.*

32. E. Chahine, P. Laborde and Y. Renard. A reduced basis enrichment for the extended finite element method. *Mathematical Modelling of Natural Phenomena, Vol. 4, n°1, pages 88-105, 2009.*

33. D. Chapelle D., K.J. Bathe. The inf-sup test. *Computers & Structures, vol. 47, n°4/5, pages 537-545, 1993.*

34. V. Chiaruttini, F. Feyel, J. Rannou, J. Guilie. An hybrid optimal approach for crack propagation: mixing conform remeshing and crack front enrichment. *Book of Abstracts of the International Conference on Extended Finite Element Methods, X-FEM 2011, June 29 – July 1, Cardiff, United Kingdom, page 49, 2011.*

35. R. Citarella, F.G. Buchholz. Comparison of crack growth simulation by DBEM and FEM for SEN-specimens undergoing torsion or bending loading. *Engineering Fracture Mechanics, Vol. 75, Pages 489-509, 2008.*

36. D. Colombo, P. Massin. Fast and robust level set update for 3D non-planar X-

FEM crack propagation modelling. *Computer Methods in Applied Mechanics and Engineering, Vol. 200, Pages 2160-2180, 2011.*

37. D. Colombo. An implicit geometrical approach to level sets update for 3D non planar X-FEM crack propagation. *Computer Methods in Applied Mechanics and Engineering, Vol. 237-240, Pages 39-50, 2012.*

38. C. Daux, N. Moës, J. Dolbow, N. Sukumar and T. Belytschko. Arbitrary branched and intersecting cracks with the extended finite element method. *Int. J. Numer. Meth. Engng., Vol. 48, Pages 1741-1760, 2000.*

39. G. Debruyne. Proposition d'un paramètre énergétique de rupture pour les matériaux dissipatifs. *C.R. Acad. Sci. Paris, Vol. 328, Série II b, Pages 785-791, 2000.*

40. G. Debruyne, E. Visse. Taux de restitution d'énergie en thermo-élasto-plasticité. *Documentation de référence [R7.02.07] du Code_Aster.*

41. G. Debruyne. Etude de nocivité par une approche énergétique d'un DSR durant un transitoire de petite brèche primaire 3''. *Note EDF R&D HT-64/02/010/A, 2002.*

42. P. Destuynder, M. Djaoua, S. Lescure. Quelques remarques sur la mécanique de la rupture élastique, *J. Méca. Théo. Appl. Vol. 2, N° 1, 113-135, 1983.*

43. P. Destuynder, M. Djaoua. Sur une interprétation mathématique de l'intégrale de Rice en théorie de la rupture fragile. *Math. Meth. In the Appl. Sci., Vol. 3,*

Pages 70-87, 1981.

44. J.E. Dolbow, L.P. Franca. Residual-free bubbles for embedded Dirichlet problems. *Comput. Methods Appl. Mech. Engrg., Vol. 197, Pages 3751-3759, 2008.*

45. J. Dolbow, N. Moës, T. Belytschko. An extended finite element method for modelling crack growth with frictional contact. *Computer Methods in Applied Mechanics and Engineering, vol. 190, pages 6825-6846, 2001.*

46. V. Doquet, G. Bertolino. Local approach to fatigue cracks bifurcation. *International Journal of Fatigue, Vol. 30, Pages 942-950, 2008.*

47. V. Doquet, M. Abbadi, Q.H. Bui, A. Pons. Influence of the loading path on fatigue crack growth under mixed-mode loading. *Int. J. Frac., Vol.159, n°2, Pages 219-232, 2009.*

48. V. Doquet, Q.H. Bui, G. Bertolino, E. Mezrhy, L. Alves. 3D shear-mode fatigue crack growth in maraging steel and Ti-6Al-4V. *Int. J. Frac., Vol.165, n°1, Pages 61-76, 2010.*

49. D. Doyen, A. Ern, S. Piperno. Time-integration schemes for the finite element dynamic Signorini problem. *Soumis à* International *Journal for Numerical Methods in Engineering.*

50. D. Doyen, A. Ern. Convergence of a space semi-discrete modified mass method for the dynamic signorini problem. *Commun. Math. Sci, Vol.7, n°4,*

Pages 1063-1072, 2009.

51. M. Duflot. A study of the representation of cracks with level sets. *International Journal for Numerical Methods in Engineering, Vol.70, Pages 1261-1302, 2007.*

52. G. Dumont. Algorithme des contraintes actives et contact unilatéral sans frottement. *Revue Européenne des Éléments Finis, vol. 4, n°1, Pages 55-73, 2001.*

53. T. Elguedj, A. Gravouil, A. Combescure. Appropriate extended functions for X-FEM simulation of plastic fracture mechanics. *Comput. Methods Appl. Mech. Engrg., Vol. 195, Pages 501-515, 2006.*

54. F. Erdogan, G. Sih. On the crack extension in plates under plane loading and transverse shear. *Journal of Basic Engineering, Vol. 85, Pages 519-527, 1963.*

55. A. Fatémi, D. Socie. A critical plane approach to multiaxial fatigue damage including out of phase loading. *Fatigue Fract. Eng. Mater. Struct., Vol. 14, Pages 149-165, 1988.*

56. W.N. Findley. Fatigue of metals under combination of stresses. *Trans ASME, Vol. 79, Pages 117-1348, 1957.*

57. A. Fissolo. Fissuration en fatigue thermique des aciers inoxydables austénitiques. *Habilitation à diriger des recherches, Ecole Centrale de Lille, 2001.*

58. E. Galenne. Propagation automatique de fissures 3D avec X-FEM en fatigue: méthode de projection. *Compte-rendu interne, CR-AMA-08.269, 2008.*

59. E. Galenne. Etude avec la méthode X-FEM de la propagation par fatigue de deux fissures dans un piquage sous pression. *Compte-rendu interne, CR-AMA-09.183, 2009.*

60. E. Galenne. Application de la méthode X-FEM sur un coude fissure – Implémentation d'une nouvelle méthode de lissage pour le calcul de KI local. *Note EDF R&D H-T64-2006-03289-FR, 2007.*

61. E. Galenne, S. Géniaut. Prestation DCNS : étude de la nocivité d'une fissure avec la méthode X-FEM. *Note EDF R&D H-T64-2007-03094-FR, 2008.*

62. E. Galenne, A. Sbitti, S. Géniaut, S. Tahéri. Etude de propagation en fatigue de fissures semi-elliptiques : comparaison du remaillage automatique et de la méthodologie X-FEM. *9ème Colloque National en Calcul des Structures, Giens, 25-29 Mai, Vol. 2, Pages 51-56, 2009.*

63. S. Géniaut. Approche X-FEM pour la fissuration sous contact des structures industrielles. *Thèse de doctorat de l'Ecole Centrale de Nantes et de l'Université de Nantes, 2006.*

64. S. Géniaut. Propagation automatique de fissures 2D avec X-FEM. *Compte-rendu interne, CR-AMA-08.129, 2008.*

65. S. Géniaut. Analyse avec X-FEM de nocivité d'un défaut en zone singulière des manchettes thermiques des tubulures d'aspersion des pressuriseurs CP0. *Note EDF R&D H-T64-2007-02191-FR, 2008.*

66. S. Géniaut. Convergences en mécanique de la rupture: validation des elements finis classiques et X-FEM dans Code_Aster. *Note H-T64-2008-00047-FR, EDF R&D, 2008.*

67. S. Géniaut, P. Massin. Extended Finite Element Method. *Documentation de référence [R7.02.12] de Code_Aster.*

68. S. Géniaut. Structures de données liées à X-FEM. *Documentation de développement [D4.10.02] de Code_Aster.*

69. S. Géniaut, P. Massin, N. Moës. Fissuration avec X-FEM et contact, *Actes du septième colloque national en calcul des structures, Giens, France, 17-20 mai 2005, pages 623-628, 2005.*

70. S. Géniaut, P. Massin, N. Moës. Contact frottant avec X-FEM : formulation 3D et stabilisation. *Actes du 8ème colloque national en calcul des structures, 21-25 mai, Giens 2007, Vol.2, Pages 5-11, 2007.*

71. S. Géniaut, P. Massin, N. Moës. A stable 3D contact formulation for cracks using X-FEM, *European Journal of Computational Mechanics, Vol.16, n°2, Pages 259-276 , 2007.*

72. S. Géniaut, E. Galenne. A simple method for crack growth in mixed mode

with X-FEM. Submitted to The International Journal of Solids and Structures.

73. M. Gosz, B. Moran. An interaction energy integral method for computation of mixed-mode stress intensity factors along non planar crack fronts in three dimensions. *Engineering Fracture Mechanics, Vol. 69, Pages 299-319, 2002.*

74. A. Gravouil, N. Moës, T. Belytschko. Non planar 3D crack growth by the extended finite element and level sets – Part II : level set update. *International Journal for Numerical Methods in Engineering, Vol.53, Pages 2569-2586, 2002.*

75. M. Griebel, M.A. Schweitzer. A particle-partition of unity method. Part V: boundary conditions. *Geometric analysis and Nonlinear Partial Differential Equations, Vol.41, Pages 115-137, 2002.*

76. M. Guiton, P. Massin, S. Mazet, N. Moës, M. Siavelis. Modélisation de discontinuités 3D avec contact-frottement en grandes transformations dans le cadre X-FEM. *Actes du 9eme Colloque National en calcul des Structures, Giens 25-29 mai 2009, Vol. 2, pages 81-85, 2009.*

77. M. Guiton, P. Massin, S. Mazet, N. Moës and M. Siavelis. Modelling discontinuities with contact-friction for large sliding with X-FEM. *Proceedings of the International Conference on Extended Finite Element Methods – Recent Developments and Applications, XFEM 2009, T.P. Fries and A. Zilian (Eds), RWTH Aachen, Germany, pages 77-80, 2009.*

78. C. Hager, S. Hüeber, B. Wohlmuth. A stable energy conserving approach for

frictional contact problems based on quadrature formulas. *Internat. J. Numer. Methods Engrg., Vol. 73, Pages 205-225, 2008.*

79. J.R. Haigh and R.P. Skelton. A strain intensity approach to high temperature fatigue crack growth and failure. *Mater. Sci. Engng., Vol. 36, pages 133-137, 1978.*

80. J.O. Hallquist, G.L. Goudreau, D.J. Benson. Sliding interfaces with contact-impact in large scale Lagrangian computations, *Comput. Methods Appl. Mech. Engrg., Vol.51, pages 107-137, 1985.*

81. P. Hild, Y. Renard. A stabilized Lagrange multiplier method for the finite element approximation of contact problems in elastostatics. *Numer. Math., Vol. 115, pages 101-129, 2010.*

82. F. Hourlier. Propagation des fissures de fatigue sous sollicitations polymodales. *Thèse d'état 1982.*

83. G.W. Housner. The behavior of inverted pendulum structures during earthquakes. *Bull. of the Seismological Society of America, Vol. 53(n°2), pages 403-417, 1963.*

84. G.R. Irwin. Plastic zone near a crack and fracture toughness. *Proc. 7th Fagamore conf., pages IV-63-IV-78, 1960.*

85. G.R. Irwin. The crack extension force for a part through crack in a plate. *Journal of Applied Mechanics, Vol. 29 (n°4), pages 651-654, 1962.*

86. A. Kane. Propagation de fissures superficielles et de réseaux de fissures en fatigue isotherme bi-axiale et fatigue thermique dans l'acier inoxydable 304L. *Thèse de doctorat de l'Ecole Polytechnique, 2005.*

87. M. Kham, M. Torkhani, P. Massin, H. Ben Dhia. Formulation continue en vitesse du contact frottement. Application à la simulation du temps de chute d'une grappe de commande dans un cœur de réacteur nucléaire. *Actes du 9ème Colloque National en calcul des Structures, Giens 25-29 mai 2009 Vol. 1, pages 271-276, 2009.*

88. H.B. Khenous, P. Laborde, Y. Renard. Comparison of two approaches for the discretization of elastodynamic contact problems. *C. R. Acad. Sci. Paris, Ser. I, Vol. 342, n°10, pages 791–796, 2006.*

89. H.B. Khenous, P. Laborde, Y. Renard. Mass redistribution method for finite element contact problems in elastodynamics. *Eur. J. Mech. A/Solids, Vol. 27, n°5, pages 918-932, 2008.*

90. A.R. Khoei, M. Nikbakht. Contact friction modelling with the extended finite element method (X-FEM), *Journal of Materials Processing Technology, vol. 177, pages 58-62, 2006.*

91. A.D. Kudawoo, F. Lebon, M. Abbas, T. De Soza, I. Rosu. Etude de la robustesse d'un algorithme basé sur le lagrangien stabilisé pour la résolution des problèmes de contact et de frottement. *Actes du 10ème Colloque National en calcul des Structures, Giens 9-13 mai 2011, 8 pages, 2011.*

92. A.D. Kudawoo, M. Abbas. Eléments bibliographiques sur la formulation mixte du contact/frottement. *Note interne EDF R&D, H-T62-2011-01676-FR, 2011.*

93. P. Laborde, J. Pommier, Y. Renard, M. Salaün. High-order extended finite element method for cracked domains. *International Journal for Numerical Methods in Engineering, vol. 64, pp. 354-381, 2005.*

94. V. Lazarus, F.G. Buchholz, M. Fulland, J. Wiebesiek. Comparison of predictions by mode II or mode III critreria on crack front twisting in three or four bending experiments. *International Journal of Fracture, Vol. 153, pp. 141-151; 2008.*

95. J.C. Le-Roux. Note d'opportunité du projet COFAT : vers une nouvelle Codification de la FATigue. *Note interne EDF R&D, H-T24-2010-01409-FR, 2011.*

96. F. Liu and R. Borja. A Contact algorithm for frictional crack propagation with the extended finite element method. *International Journal for Numerical Methods in Engineering, vol. 76, pages 1489-1512, 2008.*

97. F. Liu and R. Borja. Stabilized low-order finite elements for frictional contact with the extended finite element method. *Computer Methods in Applied Mechanics and Engineering, Vol. 199, Pages 2456-2471, 2010.*

98. X.Y. Liu, Q.Z. Xiao and B.L. Karihaloo. XFEM for direct evaluation of mixed

mode SIIFs in homogeneous and bi-materials. *International Journal for Numerical Methods in Engineering, vol. 59, pages 1103-1118, 2004.*

99. E. Lorentz, Y.Wadier, G. Debruyne, Mécanique de la rupture fragile en présence de plasticité : définition d'un taux de restitution d'énergie, *C. R. Acad. Sci. Paris, Ser. IIb Vol. 328, Pages 657–662, 2000.*

100. E. Lorentz. A mixed interface finite element for cohesive zone models. *Comput. Methods Appl. Mech. Engrg., Vol. 198, Pages 302–317, 2008.*

101. D.J. Marsh. A thermal shock fatigue study of type 304 and 316 stainless steels. *Fatigue Engn. Mater. Struc., Vol.4, n°2, Pages 179-195, 1981.*

102. P. Massin, J.M. Proix. Modélisation du comportement non linéaire des tuyauteries droites et coudées en statique et dynamique, *Actes du quatrième colloque national en calcul des structures, Giens, France, 18-21 mai 1999, p. 691-696.*

103. P. Massin, M. Al Mikdad. Nine node and seven node thick shell elements with large displacements and rotations, *Computers and Structures, Vol. 80, Issues 9-10, Pages 835-847, 2002.*

104. P. Massin. Projet AMENOFIS : étude de la nocivité des fissures de turbines CP0-CP1. *Note H-T65-2002-03351-FR, EDF-R&D 2002.*

105. P. Massin. Projet ARPEGE : étude de la propagation des fissures de labyrinthe de diffuseur : utilisation d'une base de calculs 3D. *Note H-T65-2002-03226-*

FR, EDF R&D 2002.

106. P. Massin. Synthèse des résultats du projet T6-01-14 AMENOFIS : Analyse MEcanique de NOcivité des FISsures des rotors CP0-CP1. *Note H-T65-2003-00069-FR, EDF-R&D 2003.*

107. P. Massin. Approche thermomécanique non linéaire de la fissuration des labyrinthes de diffuseur 1300 Mwe. *Note H-T65-2003-02826-FR, EDF R&D 2003.*

108. P. Massin, H. Ben Dhia, M. Zarroug, S. Lamarche, C. Zammali, M. Torkhani, M. Kham, M. Abbas. Eléments de contact dérivés d'une formulation hybride continue. *Documentation de référence [R5.03.52] de Code_Aster.*

109. P. Massin, N. Tardieu, I . Vautier, M. Abbas. Formulation discrète du contact-frottement. *Documentation de référence [R5.03.50] de Code_Aster.*

110. P. Massin, N. Tardieu, M. Abbas. Contact-frottement discret en 2D et 3D. *Documentation de référence [R5.03.51] de Code_Aster.*

111. P. Massin. Inclusion de deux couronnes. *Documentation de validation [V6.03.152] de Code_Aster.*

112. P. Mialon. Etude du taux de restitution de l'énergie dans une direction marquant un angle avec une fissure. *Note interne EDF R&D HI/4740-07, 1984.*

113. P. Mialon. Calcul de la dérivée d'une grandeur par rapport à un fond de fissure par la méthode thêta. *EDF, Bulletin de la Direction des Etudes et Recherches, Série C, n°3, Pages 1-28, 1988.*

114. J.M. Melenk, I. Babuska. The partition of unity finite element method: Basic theory and applications. *Computer Methods in Applied Mechanics and Engineering, vol. 139, pp. 289-314, 1996.*

115. J. Messier. Projet ANODE – L4.4a : Propagation avec X-FEM – Synthèse des développements et cas de validation. *Note H-T64-2009-01797-FR EDF R&D, 2010.*

116. N. Moës, E. Béchet, M. Tourbier. Imposing Dirichlet boundary conditions in the extended finite element method. *International Journal for Numerical Methods in Engineering, vol. 67, n°12, pages 1641–1669, 2006.*

117. N. Moës, J. Dolbow and T. Belytschko. A finite element method for crack growth without remeshing. *International Journal for Numerical Methods in Engineering, Vol.46, Pages 135-150, 1999.*

118. N. Moës, A. Gravouil, T. Belytschko. Non planar 3D crack growth by the extended finite element and level sets – Part I : mechanical model. *International Journal for Numerical Methods in Engineering, Vol.53, Pages 2459-2568, 2002.*

119. H.M. Mourad, J. Dolbow, I. Harari. A bubble-stabilized finite element method for Dirichlet constraints on embedded interfaces. *International Journal for*

Numerical Methods in Engineering, vol. 69, n°4, pages. 772–793, 2007.

120. I. Nistor, M.L.E. Guiton, P. Massin, N. Moës, S. Geniaut. An X-FEM approach for large sliding contact along discontinuities. *International Journal for Numerical Methods in Engineering, Vol.18, n°12, Pages 1407-1435 , 2009.*

121. I. Nistor, P. Massin, M. Siavelis, M. Guiton. Contact en grands glissements avec X-FEM. *Documentation de référence R5.03.53 de Code_Aster.*

122. J. Nitsche. Über ein Variationsprinzip zur Lösung von Dirichlet-Problemen bei Verwendung con Teilräunmen, die keinen Randbedingungenunterworfen sind. *Computer Methods in Applied Mechanics and Engineering, Vol. 191, Pages 1895-1908, 1971.*

123. R. Nuismer. An energy release rate criterion for mixed mode fracture. *International Journal of Fracture, Vol. 11, Pages 245-250, 1975.*

124. D. Peng, B. Merriman, S. Osher, H. Zhao, M. Kang. A PDE-based fast local level set method, *Journal of Computational Physics, Vol. 155, Pages 410-438, 1999.*

125. E. Pierrès, M.C. Baietto, A. Gravouil. A two scale extended finite element method for modelling 3D crack growth with interfacial contact. *Comput. Methods Appl. Mech. Engrg., Vol. 199, Pages 1165-1177, 2010.*

126. A. Popp, M. Gitterle, M.W. Gee, W.A. Wall. A dual mortar approach for 3D

finite deformation contact with consistent linearization. *International Journal for Numerical Methods in Engineering, Vol.83, Pages 1428-1465 , 2010.*

127. B. Prabel, A. Combescure, A. Gravouil, S. Marie. Level set X-FEM non matching meshes : application to dynamic crack propagation in elastic-plastic media. *International Journal for Numerical Methods in Engineering, Vol.78, n°12, Pages 1407-1435 , 2009.*

128. M.A. Puso, T.A. Laursen. A mortar segment-to-segment contact method for large deformation solid mechanics. *Comput. Methods Appl. Mech. Engrg. Vol. 193, Pages 601–629, 2004.*

129. M.A. Puso, T.A. Laursen. A mortar segment-to-segment frictional contact method for large deformations. *Comput. Methods Appl. Mech. Engrg. Vol. 193, Pages 4891–4913, 2004.*

130. M.A. Puso, T.A. Laursen, J. Solberg. A segment-to-segment mortar contact method for quadratic elements and large deformations. *Comput. Methods Appl. Mech. Engrg. Vol. 197, Pages 555–566, 2008.*

131. H. Rajaram, S. Socrate, D.M. Parks. Application of domain integral methods using tetrahedral elements to the determination of stress intensity factors. *Engineering Fracture Mechanics, Vol. 66, Pages 455-492, 2000.*

132. J. Randall LeVeque. Finite volume methods for hyperbolic problems. *Cambridge University Press, 2002.*

133. R. Ribeaucourt, M.-C. Baietto-Dubourg, A. Gravouil, Y. Berthier. A mixed mode fatigue crack model with the coupled X-FEM/LATIN method. Application to rolling contact fatigue. *Tribology and Interface Engineering Series, Volume 48, Pages 329-34, 2005.*

134. R. Ribeaucourt, M.-C. Baietto-Dubourg, A. Gravouil. A new fatigue frictional contact crack propagation model with the coupled X-FEM/LATIN method. *Comput. Methods Appl. Mech. Engrg., Vol. 196, Pages 3230-3247, 2007.*

135. J.D. Sanders, J.E. Dolbow, T.A. Laursen. On methods for stabilizing constraints over enriched interfaces in elasticity. *International Journal for Numerical Methods in Engineering, Vol.78, Pages 1009-1036 , 2009.*

136. M. Schollman, M. Fulland, H.A. Richard. Development of a new software for adaptative crack growth simulations in 3 structures. *Engineering Fracture Mechanics, Vol.70, Pages 249-268, 2003.*

137. J. Shi, D. Chopp, J. Lua, N. Sukumar, T. Belytschko. Abaqus implementation of extended finite element method using a level set representation for three dimensional fatigue crack growth and life predictions. *Engineering Fracture Mechanics, Vol. 77, Pages 2840-2863, 2010.*

138. M. Siavelis. Modélisation numérique X-FEM de grands glissement avec frottement le lond d'un réseau de discontinuities. *Thèse de doctorat de l'Ecole Centrale de Nantes et de l'Université de Nantes, 2011.*

139. M. Siavelis, M.L.E. Guiton, P. Massin, S. Mazet, N. Moës. Robust

implementation of contact under friction and large sliding with the extended finite element method. *European Journal of Computational Mechanics, Vol. 19, n°1-2-3, Pages 189-203, 2010.*

140. G. Sih. Strain energy density factor applied to mixed mode crack problems. *International Journal of Fracture, Vol. 10, Pages 305-321, 1974.*

141. G.C. Sih, B.C.K. Cha. A fracture criterion for three dimensional crack problems. *Engineering Fracture Mechanics, Vol.6, Pages 699-723, 1974.*

142. R.P. Skelton. Growth of short cracks during high strain fatigue and thermal cycling. Low cycle fatigue and life prediction, *ASTM STP 770, Pages 337-381, 1982.*

143. K.N. Smith, P. Watson, T.H. Topper. A stress-strain function for the fatigue of metals. *J. Mater. Vol.5, Pages 767-778.*

144. J.M. Solberg, P. Papadopoulos. An analysis of dual formulations for the finite element solution of two-body contact problems", *Computational Methods and Applied Mechanics Engineering, vol. 194, Pages 2734-2780, 2005.*

145. F. Stazi, E. Budyn, J. Chessa, T. Belytschko. An extended finite element method with high order elements for curved cracks. *Computational Mechanics, Vol. 31, Pages 38-48, 2003.*

146. J.M. Stéphan. Présentation de l'installation d'essais PACIFIC. Essais de propagation en milieu ductile sous chargement thermomécanique. *Note H-*

147. M. Stolarska, D.L. Chopp, N. Moës, T. Belytschko. Modelling crack growth by level sets in the extended finite element method. *International Journal for Numerical Methods in Engineering, vol. 51, pp. 943-960, 2001.*

148. N. Sukumar, D.L. Chopp, E. Béchet, N. Moës. Three dimensional non planar crack growth by a coupled extended finite element and fast marching method. *International Journal for Numerical Methods in Engineering, vol. 76, pp. 727-748, 2008.*

149. N. Sukumar, D.L. Chopp, N. Moës, T. Belytschko. Modelling holes and inclusions by level sets in the extended finite-element method. *Computer methods in applied mechanics and engineering, vol. 190, pp. 6183-6200, 2001.*

150. N. Sukumar, D.L. Chopp, B. Moran. Extended finite element method and fast marching method for three-dimensional fatigue crack propagation. *Engineering Fracture Mechanics, vol. 70, pp. 29-48, 2003.*

151. H.Tada, P.C. Paris, G.R. Irwin. The stress analysis of cracks handbook. *American Society of Mechanical Engineers, 3rd revised edition, 2000.*

152. M. Torkhani. Contribution au développement numérique d'éléments de contact et modélisation de l'usure des structures minces. *Thèse de doctorat de l'Ecole Centrale de Paris, 2008.*

153. C. Vallet, J.M. Stéphan. Projet DVGMPP-2 - Préparation des essais de propagation par fatigue en milieu ductile sur le banc PACIFIC et essais mécaniques complémentaires. *Note H-T24-2009-03346-FR EDF R&D, 2009.*

154. G. Ventura. On the elimination of quadrature subcells for discontinuous functions in the eXtended Finite-Element Method. *International Journal for Numerical Methods in Engineering, vol. 66, pp. 761-795, 2006.*

155. G. Ventura, E. Budyn, T. Belytschko. Vector level sets for description of propagating cracks in finite element. *International Journal for Numerical Methods in Engineering, Vol.58, Pages 1571-1592 , 2003.*

156. F. Voldoire, M. Kham. Balancement d'un bloc sur une table. *Documentation de validation de Code_Aster V5.03.105.*

157. Y. Wadier, E. Lorentz. Mécanique de la rupture fragile en présence de plasticité:modélisation de la fissure par une entaille. *C.R. Mécanique, Vol. 332, Pages 979–986, 2004.*

158. Y. Wadier, H.N.Le, R. Bargellini. An energy approach to predict cleavage fracture under non proportional loading, soumis à International Journal of Fracture.

159. H.M. Westergaad. Bearing pressures and cracks. Journal of Applied Mechanics, Vol.6; Pages A49-A53, 1939.

www.ingramcontent.com/pod-product-compliance
Lightning Source LLC
Chambersburg PA
CBHW021046210326
41598CB00016B/1111